AF452525

SOCIÉTÉ

DE

L'ALIMENTATION RATIONNELLE

DU BÉTAIL

SOCIÉTÉ

DE

L'ALIMENTATION RATIONNELLE DU BÉTAIL

COMPTE RENDU DU TROISIÈME CONGRÈS

(Séances des 4 et 6 mars 1899)

PARIS

IMPRIMERIE NATIONALE

M DCCC XCIX

SOCIÉTÉ

DE

L'ALIMENTATION RATIONNELLE

DU BÉTAIL.

BUREAU.

Président d'honneur : M. E. Tisserand, directeur honoraire de l'agriculture, conseiller maître à la Cour des comptes;

Président : M. Eugène Mir, sénateur de l'Aude, membre du Conseil supérieur de l'agriculture;

Vice-Président : M. A. Sanson, professeur honoraire de zootechnie à l'Institut national agronomique et à l'École nationale de Grignon;

Secrétaire général : M. A. Mallèvre, professeur de zootechnie à l'Institut national agronomique;

Secrétaire général adjoint : M. H. Baudoin, préparateur répétiteur du cours de zootechnie à l'Institut national agronomique;

Secrétaire trésorier : M. Georges Gallo, maire de Croissy-sur-Seine.

COMITÉ DE DIRECTION.

MM. Arloing, de l'Institut, directeur de l'École de médecine vétérinaire, à Lyon;

H. Baudoin, préparateur répétiteur à l'Institut national agronomique:

J. Bénard, agriculteur à Coupvray (Seine-et-Marne), membre de la Société nationale d'agriculture;

Butel, vétérinaire à Meaux (Seine-et-Marne);

Chauveau, de l'Institut, inspecteur général des écoles vétérinaires, à Paris, membre de la Société nationale d'agriculture;

G. Cormouls-Houlès, agriculteur aux Failhades (Tarn);

J. Crevat, agriculteur dans l'Ain;

Dechambre, professeur à l'École nationale d'agriculture de Grignon;

G. Gallo, maire de Croissy-sur-Seine;

Garola, professeur départemental d'agriculture, à Chartres (Eure-et-Loir);

A.-Ch. Girard, professeur à l'Institut national agronomique;

MM. GRANDEAU, inspecteur général des stations agronomiques;

Gustave HUOT, agriculteur à Saint-Léger (Aube);

DE LACAZE-DUTHIERS, de l'Institut, président de la Société nationale d'agriculture;

LAULANIÉ, directeur de l'École de médecine vétérinaire, à Toulouse;

LAVALARD, membre de la Société nationale d'agriculture, administrateur délégué de la Compagnie des omnibus, à Paris;

Camille LEBLANG, de l'Académie de médecine, médecin vétérinaire;

Jules LE CONTE, conseiller référendaire à la Cour des comptes, propriétaire-éleveur;

A. MALLÈVRE, professeur de zootechnie à l'Institut national agronomique;

Eugène MIR, sénateur de l'Aude, membre du Conseil supérieur de l'agriculture;

MÜNTZ, de l'Institut, professeur à l'Institut national agronomique, membre de la Société nationale d'agriculture;

NOUETTE-DELORME, éleveur à la Manderie, membre de la Société nationale d'agriculture;

Louis PASSY, député, secrétaire perpétuel de la Société nationale d'agriculture, membre de l'Institut;

LE PRÉSIDENT DE LA SOCIÉTÉ DES AGRICULTEURS DE FRANCE;

LE PRÉSIDENT DE LA SOCIÉTÉ NATIONALE D'ENCOURAGEMENT À L'AGRICULTURE;

RISLER, directeur de l'Institut national agronomique, membre de la Société nationale d'agriculture;

SAGNIER, directeur du *Journal de l'agriculture*, membre de la Société nationale d'agriculture;

le docteur SAINT-YVES-MÉNARD, directeur du service de la vaccination de la Ville de Paris, membre de la Société nationale d'agriculture;

le comte DE SAINT-QUENTIN, député du Calvados, membre de la Société nationale d'agriculture;

A. SANSON, professeur honoraire de zootechnie;

E. TAINTURIER, membre de la Chambre syndicale du commerce en gros de la boucherie;

TEISSERENC DE BORT, sénateur de la Haute-Vienne, membre de la Société nationale d'agriculture;

E. TISSERAND, directeur honoraire de l'agriculture, membre de la Société nationale d'agriculture;

Marcel VACHER, député de l'Allier, membre de la Société nationale d'agriculture;

WEBER, membre de l'Académie de médecine.

Les communications sont adressées à M. A. Mallèvre, *secrétaire général*, rue Claude-Vellefaux, 64, à Paris.

Les adhésions à la Société de l'alimentation rationnelle du bétail et la cotisation de 10 francs sont adressées à M. Georges Gallo, *trésorier*, rue de la Victoire, 69, à Paris.

TROISIÈME CONGRÈS

DE

L'ALIMENTATION RATIONNELLE

DU BÉTAIL.

SÉANCE DU SAMEDI 4 MARS 1899.

Présidence de M. Viger, ministre de l'agriculture

et de M. Eugène Mir, sénateur de l'Aude.

Le troisième Congrès de l'alimentation rationnelle du bétail s'est ouvert le samedi 4 mars 1899, sous la présidence de M. Viger, Ministre de l'agriculture, pendant le Concours général agricole de Paris, au Champ de Mars, Palais des machines.

Auprès de M. le Ministre, avaient pris place sur l'estrade les membres du bureau. Étaient présents : MM. Eugène Mir, président; Tisserand, directeur honoraire de l'agriculture; Sanson, professeur honoraire de zootechnie à l'Institut agronomique et à l'École de Grignon; Chauveau, inspecteur général des écoles vétérinaires; Teisserenc de Bort, sénateur; Grandeau, inspecteur général des stations agronomiques; Risler, directeur de l'Institut agronomique; A.-Ch. Girard, professeur à l'Institut agronomique; Lavalard, administrateur de la Compagnie générale des omnibus; Dr Saint-Yves-Ménard, directeur du service de vaccination de la Ville de Paris, membre de la Société nationale d'agriculture; Marcel Vacher, ancien député; Jules Le Conte, conseiller référendaire à la Cour des comptes; A. Mallèvre, professeur de zootechnie à l'Institut agronomique, secrétaire général; Dechambre, professeur de zootechnie à l'École de Grignon; Baudoin, secrétaire général adjoint; G. Gallo, trésorier.

Devant un nombreux auditoire, M. le Ministre, qui a été salué de sympathiques applaudissements, a ouvert la séance et prononcé l'allocution suivante :

Messieurs,

Lorsque nous visitons une de ces splendides expositions comme celle que nous venons de parcourir à l'instant, nous éprouvons un sentiment de fierté et d'admiration. Nous sommes fiers, en effet, de voir à quel point de perfection les efforts de nos éleveurs ont porté le bétail de consommation, car le concours général est une véritable synthèse des progrès accomplis dans cette partie de notre production nationale. (*Très bien !*)

Nous admirons également, dans nos concours hippiques et sur nos hippodromes, ces superbes moteurs animés qui peuvent soutenir la comparaison avec la production chevaline du monde entier. (*C'est vrai ! très bien !*)

Mais ce dont nous devons surtout être frappés, en présence des résultats acquis, c'est l'ingéniosité des applications scientifiques faites pour arriver à une telle perfection.

Or, parmi ces applications des découvertes de nos savants, il faut mettre en première ligne la sélection des reproducteurs et surtout les méthodes d'alimentation. L'alimentation de nos animaux domestiques a été étudiée d'ailleurs avec un soin tout particulier par la science française, dont je suis heureux de voir près de moi les plus éminents représentants dans les connaissances zootechniques. Qui donc ne connaît les belles expériences de Boussingault, à Bechelbronn, lesquelles ont été le point de départ des recherches patientes des Allemands, qui ont appliqué à cette étude leurs qualités particulières d'analyse ! Mais il appartenait à notre grand Baudement de les reprendre et de leur donner une sanction pratique à l'aide du clair génie de la science française. (*Applaudissements.*)

C'est par cette méthode expérimentale que nous avons appris à diriger l'alimentation des animaux à l'aide de principes véritablement rationnels et scientifiques.

Ces expériences nous ont appris pourquoi l'herbe de nos prés est l'aliment type de notre bétail. Car l'herbage assimile tous les éléments que lui fournit le sol pour constituer un aliment complet et donner à l'animal les substances indispensables à l'entretien de la vie et à la confection de la viande nécessaire à l'alimentation de l'homme.

Nous savons que, dans cette herbe, il existe trois principes essentiels, qu'il faut toujours réunir quand on veut composer une ration normale pour l'alimentation du bétail: le principe protéique, qui doit produire la chair musculaire; les principes hydro-carbonés, pour l'entretien de la vie et pour la graisse; les sels nécessaires à la composition du sérum sanguin.

Tous ces éléments d'une bonne alimentation ont été analysés par les chimistes, qui nous ont donné les résultats de leurs expériences. Et alors, d'aucuns ont cru qu'il était possible de constituer de toutes pièces ce qu'on a appelé des normes d'alimentation, en se servant simplement des tables de Wolff et des coefficients de digestibilité de Kœnig et de Dietrich. Mais l'observation rigoureuse des faits nous a prouvé qu'il est d'autres indications dont il faut tenir compte. Parmi ceux qui ont le plus contribué à élucider ces délicates questions se rapportant à l'alimentation normale du bétail, il faut citer surtout un des zootechniciens qui ont fait le plus d'honneur à la science française, je veux parler de M. Sanson, dont je suis heureux de saluer la présence au milieu de nous. (*Applaudissements.*)

Il faut, en effet, ne pas négliger la contingence des faits en pareille matière; si les savants nous font connaître les principes scientifiques, l'expérience de l'éleveur est indispensable pour les appliquer avec le succès désirable. C'est précisément, Messieurs, pour cette raison qu'il faut être guidés dans l'alimentation du bétail, d'une part, par les lumières de la science, de l'autre, par celles de l'expérience, que vous êtes réunis ici. Ce Congrès doit, en effet, être fécond en bons résultats, puisqu'il groupe pour une action commune les savants les plus distingués et l'élite des praticiens en matière d'agriculture. Aussi ne saurais-je trop féliciter votre éminent président, M. le sénateur E. Mir, qui, après avoir pris l'heureuse initiative de cette réunion et l'avoir fait réussir par sa compétence et son activité, vous rassemble une troisième fois sous son habile direction. (*Applaudissements.*)

En terminant, Messieurs, je tiens à rendre hommage à l'esprit si laborieux et si pratique de nos agriculteurs français, qui savent si bien profiter des notions scientifiques qui leur sont données, pour en faire l'application à leur élevage et contribuer ainsi à la prospérité de la France. (*Très bien! très bien!*)

1.

Je croirais d'ailleurs manquer à un devoir de gratitude, après avoir visité ce beau concours, si je ne leur adressais, au nom du Gouvernement de la République, les vives félicitations de celui des membres de ce Gouvernement qui est chargé de représenter l'agriculture et de défendre ses intérêts. Honneur donc à nos exposants qui tiennent si haut et si ferme le drapeau du progrès agricole dans notre chère patrie! (*Applaudissements prolongés.*)

M. Eugène MIR, *président.* Je tiens, Monsieur le Ministre, à vous remercier, au nom du Bureau de la Société d'alimentation rationnelle du bétail, de l'honneur que vous avez bien voulu nous faire en venant inaugurer le troisième Congrès de la Société. Quant aux congressistes eux-mêmes, ils ont pris soin de vous manifester, par l'accueil chaleureux qu'ils viennent de faire à vos paroles, leurs sentiments de gratitude pour le réel intérêt que vous ne cessez de témoigner à notre agriculture.

Vous avez excité ici les mêmes sentiments de déférente sympathie qui vous accueillent, sur tous les points de notre territoire, chaque fois que vous prenez le contact de nos populations rurales, grâce à votre cordialité et à votre compétence. (*Applaudissements.*)

Votre cordialité! Elle éclate de toutes parts, et vos paroles nous vont au cœur, parce qu'elles en viennent. On sent que vous aimez profondément les choses dont vous parlez et profondément aussi les hommes à qui vous parlez (*Très bien! très bien!*)

Votre compétence! Elle est connue de tous. Et ce n'est pas à vous qu'on eût pu faire la plaisante réponse que reçut, sous la monarchie de Juillet, un de vos prédécesseurs, qui demandait pourquoi de deux champs de blé qu'il visitait, l'un était beaucoup plus beau que l'autre : « C'est que celui-ci, Monsieur le Ministre, est de première année, et l'autre est un blé de deux ans. » (*Hilarité générale.*)

Aussi, Monsieur le Ministre, nous faisons le vœu que vous restiez longtemps à la tête du ministère que vous dirigez si bien. (*Très bien! très bien!*)

Votre département, le Loiret, a compté parmi ses représentants à la Chambre des députés un ancien Ministre des postes, qui a eu pendant de longues années le rare privilège de survivre à toutes les crises ministérielles : il est sortait comme rajeuni et fortifié, et il communiquait aux nouveaux cabinets dont il faisait partie le bénéfice de l'expérience qu'il avait précédemment acquise. Vous-même, vous paraissez avoir découvert la source de cette fontaine de Jouvence, qui coule quelque part dans votre heureux département, puisque vous êtes ministre pour la troisième ou la quatrième fois. Eh bien! continuez, Monsieur le Ministre, et soyez le Cochery de l'agriculture. (*Rires et applaudissements.*)

Nous n'avons pas la prétention de vous accaparer et de vous retenir long-temps parmi nous. Nous savons que votre temps est précieux et que d'autres soins vous appellent ailleurs. Mais nous vous serions reconnaissants de vouloir bien inaugurer nos séances et de faire l'ouverture officielle de notre Congrès. (*Applaudissements.*)

M. le Ministre de l'Agriculture. Il m'est fort agréable, Messieurs, de dé-férer au désir de votre Président et de rester quelques instants parmi vous. Conformément à son invitation, je déclare ouvert le troisième Congrès de l'alimentation rationnelle du bétail, et, abordant l'ordre du jour; je donne la parole à M. Dechambre, professeur de zootechnie à l'École de Grignon, pour faire une communication sur le rôle des mélasses dans l'alimentation des animaux de la ferme.

M. Dechambre. La Société d'alimentation rationnelle du bétail, en plaçant en tête de l'ordre du jour de son Congrès actuel l'étude du rôle de la mé-lasse dans l'alimentation des animaux de la ferme, a voulu relever l'intérêt actuel de cette question. La tâche qui incombe à votre rapporteur va être de mettre au point un problème complexe, étudié avec détails dans quelques-unes de ses parties; peu connu dans d'autres, dont, à l'étranger, on s'est pré-occupé aussi depuis longtemps; d'une importance qui va grandissant tous les jours, et auquel les pouvoirs publics ont donné une solution qui ne satisfait pas entièrement les intéressés.

Pourquoi s'occupe-t-on de faire entrer la mélasse dans l'alimentation du bétail ?

1° Pour utiliser un sous-produit devenu abondant et encombrant;

2° Pour profiter des avantages présentés par sa composition chimique.

Examinons successivement ces deux considérants :

1° *L'accroissement de la production du sucre* amène un accroissement proportionnel de la quantité de résidus disponible. La production sucrière excédant de toutes parts la consommation nationale, les producteurs ont cherché à augmenter leurs débouchés dans les pays déjà importateurs et à trouver, à côté, des débouchés nouveaux ; c'est ainsi que s'est posée la question de l'alimentation du bétail par le sucre. Je ne pense pas que cette alimentation puisse devenir économique ; mais il n'en est pas de même pour la mélasse : devant son augmentation considérable, il a fallu chercher pour elle un écoulement, tout en évitant que ce sous-produit ne puisse servir, à son tour, à la préparation de l'alcool et nuire ainsi à l'industrie sucrière, déjà éprouvée.

On a pensé l'utiliser, après dénaturation, pour la nourriture des animaux, en donnant de l'extension aux procédés mis en œuvre par des praticiens éclairés.

Un historique rapide va nous montrer la succession de ces essais :

Historique. — En 1829, Bernard, fabricant de sucre, signalait les bons effets de la mélasse diluée à 20 degrés Baumé, employée en mélange avec de la paille hachée, pour l'alimentation des chevaux, bœufs, vaches et moutons.

Decrombecque, de Lens, est connu pour les excellents résultats qu'il obtint par l'introduction de la mélasse et de la paille hachée dans le régime des chevaux emphysémateux et chétifs. D'autres éleveurs du Pas-de-Calais employèrent, vers 1860, la mélasse dans l'alimentation du gros bétail.

L'Angleterre reçoit de ses colonies des mélasses que l'agriculture utilise, concurremment avec les mélasses indigènes, pour l'engraissement des bovins et l'entretien des vaches laitières. Son usage est au moins aussi général en Allemagne, grâce à une loi promulguée en 1891, déchargeant de tous droits fiscaux la mélasse et le sucre employés à l'alimentation du bétail ; nous verrons plus loin comment cet aliment a été transporté avec succès de la ration des animaux d'engrais dans celle des moteurs.

Ce que nous retenons est suffisant pour nous montrer comment on a été conduit à faire entrer la mélasse dans la ration, et combien cet emploi est général. Il faut voir maintenant s'il est rationnel et conforme aux données physiologiques.

2° *Les travaux du professeur Chauveau* furent connus dans le moment où s'agitait le problème économique, et la physiologie vint donner son appui aux partisans du nouvel aliment. Les résultats obtenus par Chauveau et ses collaborateurs sont d'une importance telle, que nous devons en faire un exposé sommaire :

Le glycose est l'aliment immédiat du travail musculaire; le travail physiologique et le travail mécanique extérieur (travail utile et travail de transport) sont dus à une combustion simple d'hydrates de carbone; le travail musculaire, qui doit tout au glycogène, n'emprunte rien aux albuminoïdes de la ration. Ces mêmes hydrates de carbone sont la source de la chaleur animale; et de même que les muscles consomment les trois quarts du glycogène fabriqué dans le foie, de même ils produisent les trois quarts de la chaleur animale.

Voilà donc les *hydrates de carbone* placés en tête des aliments *sources d'énergie*, et les *matières azotées* reléguées au second plan, alors que, pendant si longtemps, on les a prises comme le type des aliments *dynamophores*. Faut-il donc leur retirer toute valeur, et considérer comme mal recueillies les observations, quasi séculaires, de la haute valeur alimentaire de la protéine? Cette considération n'est pas entrée dans l'esprit des éminents physiologistes dont nous exposons les recherches : *le glycogène est l'aliment de la force*, mais la *protéine est l'aliment de la substance* (Chauveau, Laulanié) et, pour cela, indispensable à l'entretien de toute machine vivante qui travaille et qui s'use. Laulanié ajoute, d'ailleurs, que la régularité de l'alimentation glycogénique du tissu musculaire a pour effet de corriger les irrégularités de l'alimentation intestinale, puisque tous les principes alimentaires, sucres, graisses et albuminoïdes, peuvent concourir à la formation du glycogène.

Il est, d'autre part, une raison péremptoire, connue de tous les zootechniciens et de tous les éleveurs, pour laquelle les matières ternaires ne peuvent prédominer dans la ration. Il s'agit de la conservation entre les principes de la ration, des rapports favorables connus sous les noms de *relation nutritive*, de rapport *adipo-protéique;* rapports qui doivent osciller autour de chiffres déterminés, pour que la ration totale présente, avec sa digestibilité maxima, sa plus grande somme d'effet utile.

Aussi, bien que les matières sucrées, en fournissant directement du glycogène, réduisent le travail digestif, leur proportion ne peut pas être indéfiniment accrue aux dépens des autres principes (graisses et albuminoïdes).

Ici encore, l'alimentation à la mélasse doit se séparer nettement de l'alimentation au sucre : si ce dernier produit a une composition constante autant que simple, il n'en est pas de même pour la mélasse qui doit à son origine une composition complexe et variable, de laquelle dérivent, dans l'organisme, des effets nouveaux, dont nous avons à nous préoccuper à présent.

Composition chimique. — La composition chimique de la mélasse varie dans des limites assez étendues avec le procédé industriel qui lui a donné naissance : mélasse de cannes et de betteraves, mélasses de raffineries et de sucreries, auxquelles s'ajoutent des sels minéraux, suivant le procédé d'extraction. Nous devons à l'obligeance de M. A.-Ch. Girard communication du tableau suivant, qui donne la composition de différentes sortes de mélasses :

PRINCIPES.	MÉLASSES PURE CANNE.		MÉLASSES DITES COMESTIBLES. MÉLANGE DE MÉLASSES DE CANNE ET DE SUCRERIE.			MÉLASSES DE RAFFINERIE.	
Eau................	18,55	19,50	25,15	18,55	19,30	18,10	18,45
Matières minérales.....	2,30	2,66	8,42	11,39	11,61	12,74	11,39
Saccharose..........	34,63	34,25	37,50	45,70	41,00	49,00	47,50
Glucose............	32,87	29,75	11,00	2,80	3,00	traces.	traces.
Matières organiques diverses............	11,65	13,84	17,93	21,56	23,88	19,86	22,66
COMPRENANT :							
Azote total..........	0,25	0,25	1,07	1,37	1,19	1,28	1,58
Correspondant a': matière azotée.........	1,56	1,56	6,69	8,56	7,44	8,00	9,87
Azote nitrique........	0,11	0,14	0,20	0,31	0,08	0,08	0,18
Azote albuminoïde.....	traces.	traces.	traces.	0,05	0,10	0,03	0,08

La mélasse qui a servi aux expériences de MM. Dickson et Malpeaux a présenté la composition suivante :

Sucre cristallisable.. 46,00 p. 100

Glucose 0,00

Cendres.. 9,45

Matières azotées... 11,56

Autres matières organiques 6,19

Azote total... 1,85

Dont azote nitrique... 0,20

Eau... 26,80

Voici celle donnée par J. Crevat :

Eau..	17,20 p. 100
Matière sèche.................................	82,80
Acide phosphorique...........................	0,06
Alcalis minéraux..............................	7,60
Protéine totale...............................	8,00
Sucres.......................................	64,50

La teneur en *matière sucrée*, glucose et saccharose, très élevée dans les mélasses pure canne (67.50 à 64 p. 100) s'abaisse dans les mélasses de raffineries, qui ne renferment plus que de la saccharose (49, 47.50, 46 p. 100); mais ces chiffres montrent encore suffisamment que cette matière sucrée va jouer le rôle actif.

Les *matières organiques* (mélasses de sucrerie et raffinerie) s'élèvent en moyenne à 20 p. 100 et renferment de 8 à 10 p. 100 de *matière azotée*. On pourra en arguer que la mélasse acquiert de ce fait une valeur alimentaire supérieure à celle des matières sucrées seules. La plupart des auteurs expriment en matières azotées albuminoïdes ou protéiques, l'azote trouvé dans le dosage. M. A.-Ch. Girard, appliquant des procédés d'analyse plus délicats, a montré qu'il y avait lieu d'établir une distinction fort importante entre les différents états de combinaison de l'azote, qu'on dose dans les mélasses. Ce n'est point au groupe des albuminoïdes qu'il faut le rattacher, mais bien au groupe des matières amidées. Ces dernières n'ont qu'une valeur alimentaire très problématique, tandis que les matières protéiques en ont une très élevée; or, dans la plupart des mélasses, l'azote albuminoïde est en moindre proportion que l'azote nitrique lui-même.

Les *matières minérales*, dont la proportion est assez forte (8 à 12 p. 100) dans les mélasses de sucrerie et raffinerie, proviennent surtout des *sels* résultant de la combinaison de bases alcalines (potasse, soude) avec des acides organiques (malates, tartrates, citrates, etc.) ou autres (sulfate de soude); l'action *condimentaire* de ces sels est bien connue, ainsi que leur action *laxative;* ce sont eux qui communiquent à la mélasse ces mêmes propriétés sur lesquelles nous aurons à revenir.

On y rencontre aussi parfois des *sels de baryte* et de *strontiane*, résultant des procédés de raffinage employés; ces sels sont vénéneux, ainsi que le *nitrate de potasse* que l'on rencontre toujours.

Les propriétés laxatives ou vénéneuses de ces matières minérales sont un obstacle sérieux à l'introduction dans la ration d'une forte proportion de mélasse : ou bien on constaterait une répercussion sur l'intestin avec de la diarrhée ou une intoxication lente, également à craindre, ou, en même temps, ces deux manifestations morbides.

Cette observation corrobore celle qui a été faite plus haut, relativement à la digestibilité maxima de la ration ; aussi la mélasse ne pourra-t-elle entrer que pour une quantité limitée, déterminée par l'observation et l'expérience, à cause de la variabilité de ses effets, avec les espèces et les individus.

Nous entrons ainsi dans l'examen du rôle alimentaire des mélasses, et, à défaut d'expériences personnelles que nous n'avons pas eu le temps d'organiser, nous allons passer en revue ce qui a été publié récemment.

Rôle alimentaire des mélasses. — Sanson pense que la mélasse, qui est un résidu, un sous-produit, peut entrer utilement dans la ration des animaux ; elle a une action propre, mais elle vaut surtout en raison de son action condimentaire. Sa valeur nutritive est considérablement augmentée par le tourteau de dénaturation.

Grandeau a relevé les résultats obtenus en Allemagne par l'emploi des mélasses dans l'alimentation du cheval. Cet emploi est considéré comme bon, et il a lieu suivant deux modes :

En mélangeant préalablement la mélasse avec le fourrage ;

En dissolution dans l'eau de boisson ;

A la dose de 750 grammes à 1 kilogramme par tête.

La Compagnie des omnibus de Breslau alimente 850 chevaux avec un mélange de mélasse, de betteraves et de tourteaux oléagineux. Les expériences et les observations de contrôle du vétérinaire Voigt montrent que la mélasse augmente l'appétit et le poids ; on peut en donner 2 kilogr. 500 pour le travail aux allures vives et 5 kilogrammes aux chevaux de gros trait lent.

On a remarqué qu'elle augmente la soif et que les animaux doivent être surveillés à cause de la diarrhée possible [1].

En France, le travail le plus complet qui existe, à notre connaissance, sur cette question est celui de MM. Dickson et Malpeaux, directeur et professeur à l'École d'agriculture de Berthonval (Pas-de-Calais). Il a été publié dans le *Progrès agricole* et dans les *Annales agronomiques;* nous remercions ici les auteurs de nous avoir communiqué les résultats de leurs expériences, ainsi que diverses remarques faites depuis la publication de leur important mémoire.

[1] Voir, en sens contraire, la communication de M. Grandeau, page 30 ci-après.

Il est indispensable de résumer les résultats des expériences faites à Berthonval.

A. *Moutons.* — La mélasse donnée en supplément fait acquérir à la ration une plus grande digestibilité.

Employée avec discernement, la mélasse peut remplacer en partie les tourteaux dans l'alimentation des moutons : 4oo grammes de mélasse remplacent 35o grammes de tourteau.

B. *Porcs.* Les porcs sont encore plus aptes que les moutons à profiter d'une alimentation à la mélasse, et ils peuvent réaliser en peu de temps des augmentations de poids vif considérables. Les porcs semblent, d'ailleurs, posséder un pouvoir de digestion tout particulier pour les hydrates de carbone.

Quantité à distribuer : o kilogr. 4oo en supplément.

C. *Génisses.* — 7oo grammes, en supplément, donnent une augmentation de poids vif.

D. *Production du lait.* — *Quantité :* Les résultats ne sont pas suffisants pour que l'on considère la mélasse comme un aliment favorable à la production du lait.

(Il serait nécessaire de reprendre ces expériences, car on sait que la mélasse augmente la soif[1]; et, en raison de l'action exercée sur la mamelle par la boisson, il y aurait lieu de voir si la mélasse ne serait pas un galactogogue indirect, en faisant absorber aux femelles laitières une plus grande quantité d'eau.)

Composition. — Tout en montrant, ce que chacun sait, que la composition du lait varie seulement, sous l'influence du régime, dans des limites restreintes, les analyses font voir que la matière grasse augmente de 1.o8 à 2.o6 par litre (avec mélasse 31.97 et 36.o8, sans mélasse 29.91 et 35). C'est une modification insuffisante pour conseiller la mélasse dans l'alimentation des vaches laitières.

E. *Chevaux.* — La substitution de 1 kilogramme de mélasse à pareil poids d'avoine a été favorable à l'entretien des chevaux, dont le poids vif s'est légèrement accru.

La faible économie réalisée (o fr. o6 par tête et par jour) peut devenir considérable si elle porte sur une nombreuse cavalerie, et surtout si le régime

[1] Voir, en sens contraire, page 3o.

fiscal était modifié en rendant possible l'introduction de la mélasse dans les écuries et étables. L'économie réalisée ainsi en Allemagne est, aux omnibus de Breslau, de 3o à 5o p. 1oo de la nourriture grains.

F. *Fourrages de mauvaise qualité.* — La mélasse peut s'employer avantageusement pour faire consommer des fourrages avariés, pour rendre la paille appétissante et facile à digérer.

Les données physiologiques nous conduisent à accepter les conclusions qui précèdent.

Les hydrates de carbone peuvent se transformer en graisse; aussi les matières sucrées peuvent-elles entrer dans la ration des ruminants et des porcs.

Les hydrates de carbone sont des sources d'énergie; ils peuvent entrer dans l'alimentation des moteurs.

Nous voulons insister sur le rôle des mélasses comme *condiment* et dans la consommation des *fourrages avariés;* mais nous devons préalablement traiter de la *dénaturation* de ce produit, dénaturation qui a pour effet de rendre la mélasse impropre à la fabrication de l'alcool.

Dénaturation. — Le décret du 3 novembre 1898, publié au *Journal officiel* du 12 novembre, réglemente la dénaturation des mélasses [1]. Nous en examinerons les conséquences :

[1] DÉCRET DU 3 NOVEMBRE 1898
RENDU D'APRÈS L'AVIS DU COMITÉ CONSULTATIF
DES ARTS ET MANUFACTURES
EN DATE DU 9 FÉVRIER 1898.

ARTICLE PREMIER. Tout fabricant de sucre, qui voudra dénaturer des mélasses pour les usages agricoles, adressera à l'Administration des contributions indirectes une demande spécifiant :

1° Le procédé proposé pour la dénaturation des mélasses;

2° L'usage auquel le produit obtenu est destiné.

ART. 2. Les usages agricoles auxquels peuvent être destinées les mélasses admises au bénéfice de la décharge de 14 p. 1oo, sous la condition d'une dénaturation préalable, sont désignés au tableau annexé au présent décret, lequel spécifie les procédés de dénaturation jusqu'à présent autorisés.

ART. 3. Les modifications ou additions que le tableau ci-dessous pourrait comporter seront réalisées par décret rendu après avis du Comité consultatif des arts et manufactures.

Toutefois le Ministre des finances pourra, après avis dudit Comité, autoriser, à titre d'essai, l'emploi de procédés nouveaux. L'autorisation ne pourra être donnée que pour un temps qui n'excédera pas une année.

ART. 4. Tout fabricant autorisé, qui voudra procéder à la dénaturation des mélasses, devra en informer quarante-huit heures à l'avance, au moins, le service des contributions indirectes at-

1° Dénaturation avec les tourteaux. — La fabrication des galettes complique l'emploi de la mélasse, nécessite l'intervention de manipulations nouvelles et élève le prix de revient. La valeur alimentaire du gâteau ainsi obtenu est grande, et la présence du tourteau accroît singulièrement la puissance nutritive de la mélasse. Mais on va ainsi contre le but poursuivi.

On cherche, en effet, à répandre l'usage de la mélasse pour la substituer à d'autres résidus; et nous avons vu que les expériences faites à l'École de Berthonval montrent la possibilité de substituer, à peu près à égalité de poids, la mélasse au tourteau. Par la dénaturation obligatoire, on associe ces deux aliments dan sun mélange qui, par l'achat des matières premières et par ses frais de préparation, finit par ne plus être économique.

Tout le monde est d'accord là-dessus. « Ce tourteau de mélasse est bon, accepté par le bétail, mais la main-d'œuvre et les manipulations qu'il nécessite, constituent, pour ainsi dire, une nouvelle industrie intermédiaire. » (Desprez, *J. de l'agriculture*, 1897.)

« La mélasse pétrie en parties égales avec des tourteaux, des farines ou d'autres produits de la mouture donne des gâteaux dont la confection dépas-

taché à son établissement, par une déclaration indiquant :

1° La quantité de mélasse à dénaturer;

2° Le procédé de dénaturation qui sera employé;

3° Le jour et l'heure de l'opération.

La dénaturation doit avoir lieu en présence du service; elle sera opérée aux frais et par les soins des intéressés.

Aʀᴛ. 5. L'expédition des mélasses dénaturées ne pourra avoir lieu que sous le lieu d'un acquit-à-caution délivré par le service de la fabrique expéditrice. Ce titre de mouvementqui garantira le droit de 60 francs par 100 kilogrammes, sur la quantité de sucre représenté par la mélasse dénaturée, devra énoncer :

1° Le poids de la mélasse contenue dans le produit expédié;

2° Le poids et la nature du produit auquel la mélasse a été incorporée;

3° Le poids total du mélange;

4° La forme sous laquelle se trouvait le mélange au moment de l'enlèvement (galettes,

tourteaux ou masse non comprimée), et le nombre des tourteaux, pains, galettes ou récipients;

5° La quantité de sucre exprimée en raffiné à imposer, en cas de non décharge de l'acquit-à-caution.

Aʀᴛ. 6. La déclaration d'expédition des mélasses dénaturées doit être accompagnée de la demande du cultivateur ou éleveur auquel elles sont destinées.

Si les mélasses doivent servir à l'alimentation du bétail, la demande mentionnera le nombre des animaux de chacune des espèces bovine, ovine et porcine, attachés à l'exploitation agricole, et auxquels le mélange est destiné, ainsi que le poids des produits renfermant la mélasse dénaturée qui sera distribuée à ces animaux, par tête et par jour. Les demandes des apiculteurs devront indiquer le nombre de ruches qu'ils possèdent.

Les demandes d'expéditions de bouillies cupriques devront indiquer la surface à traiter et la nature des cultures (vignes, pommes de terre, sera forcément le bénéfice de la détaxe. » (Dickson et Malpeaux, *Annales agronomiques.*)

2° *Dénaturation avec les fourrages humides.* — Ce second procédé ne peut être utilisé que sur place, et tandis que le premier a encore l'avantage de favoriser le transport des marchandises, celui-ci présente, à ce point de vue, un obstacle sérieux. Le but est cependant atteint, puisque la distillation de

tomates, etc.) auxquelles elles seront appliquées. Toutes ces demandes devront être visées par le maire de la commune du lieu d'emploi et seront annexées à l'acquit-à-caution délivré pour légitimer le déplacement des mélasses dénaturées.

Art. 7. Le compte du fabricant de sucre sera déchargé à raison de 14 p. 100 du poids des mélasses ayant au moins 44 p. 100 de richesse saccharine absolue et livrées aux usages agricoles. Mais cet industriel devra représenter, dans les deux mois de l'expédition, un certificat de décharge, délivré par le service du lieu de destination des mélasses dénaturées, sous peine d'avoir à payer le droit sur le sucre que représente la mélasse dénaturée.

Ce certificat ne sera délivré qu'après que le service aura pu constater l'identité du chargement et s'assurer que les indications portées à la demande spécifiée à l'article précédent sont conformes à la réalité.

Des cultivateurs ou éleveurs, qui se seraient rendus coupables de fraude dans l'emploi de la mélasse dénaturée, seront privés, pour l'avenir, de la faculté de recevoir ce produit.

Art. 8. Le Ministre des finances sera chargé de l'exécution du présent décret.

TABLEAU DES USAGES AGRICOLES POUR LESQUELS LA DÉNATURATION DES MÉLASSES EST ADMISE ET DES PROCÉDÉS DE DÉNATURATION AUTORISÉS.

Alimentation du bétail et nourriture des abeilles.	Choix entre l'un ou l'autre des deux procédés ci-contre à employer en présence du service dans l'établissement expéditeur des mélasses dénaturées.	1° Incorporation de la mélasse soit à des farines de céréales, soit aux bas produits de la mouture, soit à des tourteaux de graines oléagineuses; la proportion de mélasse ne dépassera pas 50 p. 100 du poids du produit dénaturé, et la proportion de sucre y contenue ne dépassera pas 22 p. 100 de ce poids. Les produits dénaturés seront transformés en galettes ou en tourteaux parfaitement secs. 2° Incorporation de la mélasse à des fourrages humides (pulpes, cossettes de sucrerie et de distillerie de betteraves, pulpes de fécules, drèches égouttées de distilleries de grains ou de brasserie). La proportion de mélasse ne dépassera pas 10 p. 100 du poids produit dénaturé, et la proportion de sucre ne dépassera pas 4.5 p. 100 de ce poids.
Préparations de bouillies cupriques pour le traitement des maladies de la vigne, des pommes de terre, etc...		Addition à la mélasse de 10 p. 100 de sulfate de cuivre. Les opérations ont lieu en présence du service, dans l'établissement expéditeur de la mélasse dénaturée.

(*Journal officiel du 12 novembre 1898.*)

ce mélange (10 p. 100 de mélasse) ne devient pas économique, et que, dans la proportion indiquée, la mélasse corrige l'action débilitante des fourrages trop aqueux.

Pour rendre pratique l'intervention de ce deuxième procédé officiel, M. Desprez a été amené à l'idée de l'*ensilage* avec des foins et des pailles, puis avec des *pulpes*. Dans ses essais, 5 à 6 p. 100 de mélasse suffisent à doubler la valeur alimentaire des *pulpes de diffusion*. On peut faire le mélange à l'usine même avec la pulpe, ce qui assure la dénaturation immédiate.

Ces observations sont à retenir; mais, vu les obstacles qui ont été signalés, on a recherché par quels moyens les procédés ci-dessus indiqués pourraient être remplacés, toujours en visant le but fiscal, qui est d'empêcher la fraude.

Observons toutefois que la distillation de la mélasse exige une installation spéciale, coûteuse, et qu'il est peu probable, dans ces conditions, que le cultivateur puisse songer à faire de la fraude.

Autres procédés de dénaturation. — M. Desprez pense qu'un mélange avec 2 à 3 p. 100 de *graines oléagineuses* sera suffisant.

M. Bachelet, agriculteur, conseiller général du Pas-de-Calais, propose également d'incorporer à la mélasse un peu de *graine de lin*; la matière oléagineuse entrave la fermentation et rend impossible la distillation.

Le mélange de la mélasse avec les *menues pailles* est bon et accepté par le bétail, mais il demande à être préparé journellement.

Deux Allemands (Schwartz et Wagner) ont proposé de mélanger la mélasse à la *poussière de tourbe;* on obtient ainsi un produit contenant 40 p. 100 de sucre (avec 80 p. 100 de mélasse et 20 p. 100 de tourbe), de transport et de conservation faciles; et des essais ont montré que « la valeur nutritive de la mélasse est la même, que celle-ci soit associée au son ou à la tourbe; au prix actuel des deux fourrages, la ration de tourbe mélassée est un peu plus économique ». (Dickson et Malpeaux.)

La section agricole de l'Association de l'industrie et de l'agriculture françaises a récemment décidé de transmettre aux Ministre de l'agriculture et des finances les vœux suivants :

« Que le décret du 3 novembre 1898, sur la dénaturation des mélasses pour les usages agricoles, soit réformé dans les conditions suivantes :

1° Que des mesures analogues à celles usitées pour les sels employés en agriculture soient adoptées pour les mélasses, c'est-à-dire que la dénaturation soit autorisée dans les sucreries et dans les fermes, en présence de la Régie, par l'addition de l'un des dénaturants prévu par le Comité des arts et manufactures et sans l'obligation de fabriquer des galettes ou des tourteaux secs ;

2° Que les autres formalités exigées des cultivateurs pour l'usage des mélasses dénaturées soient supprimées ;

3° Que la dénaturation soit autorisée dans des établissements spéciaux, sous le contrôle de la Régie, aussi bien que dans les sucreries ;

4° Que les produits obtenus dans ces usines circulent et soient employés librement. »

Voilà où en est la question.

D'une part, l'encombrement de l'industrie sucrière par un résidu que l'agriculture aurait intérêt à faire entrer dans l'alimentation de ses animaux.

D'autre part, utilisation alimentaire rendue difficile ou non économique par les conditions imposées dans le décret du 3 novembre 1898.

Comment résoudre cette difficulté ?

Pour chercher cette solution, nous avons à revenir sur les services que peut rendre la mélasse, et en particulier sur les deux suivants :

1° Emploi de la mélasse dans le régime hygiénique et thérapeutique des chevaux emphysémateux ;

2° Emploi de la mélasse comme condiment, pour l'utilisation des fourrages avariés ou de mauvaise qualité.

1ᵉʳ point. La mélasse et la pousse. — La paille hachée, mêlée à des farineux et à de la mélasse, est un excellent moyen de combattre la pousse. Decrombecque l'a démontré depuis longtemps : il achetait des chevaux emphysémateux pour le service de sa ferme et leur donnait comme nourriture de la paille mélangée à de la mélasse. Ces pailles, préalablement hachées, étaient mises dans des cuves et arrosées avec une solution de 5 litres de mélasse dans 100 litres d'eau. A ce mélange, préparé vingt-quatre heures à l'avance, on ajoutait des grains cuits. Après un certain temps de ce régime, les symptômes de l'emphysème disparaissaient d'une façon à peu près complète, les chevaux chétifs et poussifs étaient remis en état.

M. Trasbot nous recommandait, il y a dix ans, pour combattre la pousse, une ration modérée de bon foin et de la paille enduite de mélasse.

La mélasse facilite la respiration, régularise le rythme respiratoire altéré par la pousse et donne aux animaux, avec un poil luisant, les apparences de la santé.

Cet emploi, fort utile, on en conviendra, malgré son débouché forcément limité, est encore restreint par ce fait, que la mélasse ne peut pas être expédiée assez liquide pour être mélangée à la paille, ou pour former la solution à 5 p. 100 pour l'arrosage de celle-ci.

2ᵉ point. Action condimentaire. — Il est dit par tous les hygiénistes que les eaux sucrées avec des *mélasses*, des *cassonades*, des *sucres avariés* servent à imprégner les fourrages de faible valeur alibile et de saveur désagréable, que, sans ce condiment, les animaux accueilleraient mal.

Les matières organiques et les sels de la mélasse favorisent la digestion et concourent aussi à l'action condimentaire. Un Anglais (cité par Dickson et Malpeaux), après avoir donné de la mélasse à ses 80 vaches, assure qu'il est porté à croire que le foin, si gâté soit-il, serait toujours mangé par le bétail, si on avait soin de le hacher et de l'arroser de mélasse.

Sanson pense que la mélasse vaut surtout en raison de son action condimentaire.

Dickson et Malpeaux ont expérimenté avec du foin de trèfle et du foin de prairies naturelles, mal récoltés et peu appétés du bétail. Ces fourrages hachés et mélangés avec de la paille d'avoine également hachée étaient arrosés avec de la mélasse diluée dans trois fois son poids d'eau tiède. Après une fermentation de vingt-quatre heures, ce mélange était recherché avidement par les animaux.

Nous pensons que c'est là une des façons les plus avantageuses de faire consommer la mélasse : l'action *condimentaire* se double *d'une action alimentaire;* des substances ordinairement délaissées ou utilisées à regret dans les années de disette rendront des services, au lieu de s'en aller purement et simplement comme litière; sans compter que, dès qu'on les emploie telles quelles, elles peuvent devenir, grâce aux poussières, aux champignons, aux microbes qu'elles véhiculent, la cause d'affections graves, sur des animaux déjà déb:-

lités par un régime peu nutritif (pneumo-entérite infectieuse et affections analogues).

Pour ce motif, aussi bien que pour celui indiqué plus haut, l'hygiène fournit un argument en faveur de la consommation des fourrages mélassés.

Or, ici encore, la mélasse ne peut être employée que liquide ou sous un état qui permette, pour l'arrosage, sa dissolution dans l'eau, de manière que la mélasse ne perde pas la forme sous laquelle son utilisation est la plus avantageuse.

Conclusion encore en contradiction, avec l'obligation imposée par l'État, de dénaturer sous forme de galettes, de tourteaux secs et sur place.

Pour concilier les intérêts de l'État et ceux de l'agriculture, il faudrait :

1° Que la dénaturation pût être pratiquée en dehors des usines, sur les lieux de consommation, aussi bien que dans les sucreries; cela, bien entendu, sous le contrôle de la Régie;

2° Que la dénaturation fût obtenue avec un produit qui ne modifiât pas sensiblement les propriétés physiques de la mélasse.

Le mélange avec les graines oléagineuses pourra être employé si les expériences montrent la valeur suffisante de ce procédé.

Il y aura lieu de rechercher d'autres dénaturants.

Le *sulfate de fer* en solution étendue à 2 à 4 p. 1000 est quelquefois substitué au chlorure de sodium pour asperger les fourrages avariés. Son mélange avec la mélasse agirait dans le sens de celle-ci, et la dénaturation serait obtenue, comme dans le cas des bouillies cupriques (voir Décret). Dans la solution de mélasse à 5 p. 100, on peut faire entrer 5 p. 1000 de sulfate de fer en dénaturant 5 kilogrammes de mélasse par 500 grammes de ce sel, ce qui correspond à une proportion de 10 p. 100, égale à celle qui est exigée pour la dénaturation au sulfate de cuivre.

On pourra entreprendre des expériences sur ce point et se prononcer ensuite sur la valeur de ce procédé.

Cas des fourrages avariés consommés sur place. — Le mélange de trois parties de fourrage sec et de deux parties de mélasse suffit à empêcher que la distillation de ce mélange devienne économique. On pourra ensuite ajouter une nouvelle proportion de fourrage sec, pour éviter l'excès de mélasse ; mais ce procédé direct ne peut être mis en pratique que sur place.

Cas des pulpes. — Il en est de même pour les pulpes, ce cas rentrant dans le second mode de dénaturation obligatoire.

La pratique de l'ensilage peut être très utile aux industriels, qui trouvent ainsi un moyen d'utiliser sur place tous leurs résidus. Il y aura même lieu d'examiner si l'ensilage avec la mélasse empêche l'apparition de la *maladie de la pulpe*, avantage qui viendrait se joindre à ceux déjà signalés.

Conclusions. — De ce long exposé nous tirons les conclusions suivantes :

1° La mélasse peut entrer dans la ration des animaux de la ferme, ruminants, porcs et solipèdes, ceux d'engrais comme ceux de travail, dans la proportion suivante, qui ne devra pas être dépassée, par crainte d'accidents (diarrhée ou intoxication) :

Pour les porcs et les petits ruminants........... 4oo-5oo grammes.
Pour les grands ruminants.................... 4 à 5 kilogrammes.
Pour les chevaux de gros trait lent............. 5 kilogrammes.
Pour les chevaux de trait rapide............... 2 kilogr. 5oo.

2° L'emploi le plus avantageux semble résulter du mélange avec des fourrages avariés ou peu nutritifs, préalablement divisés, puis arrosés avec une solution de mélasse à 5 p. 100.

3° Cette utilisation étant rendue impossible grâce aux procédés actuels de dénaturation, la Société d'alimentation rationnelle émet le vœu que des procédés nouveaux soient adoptés, en insistant sur la nécessité de conserver à la mélasse ses propriétés physiques et son action condimentaire. (*Applaudissements.*)

M. Viger, *Ministre de l'agriculture.* Messieurs, le temps dont je dispose ne me permet pas, à mon grand regret, d'assister aux discussions que va provoquer l'intéressante communication de M. Dechambre. J'aurais beaucoup à y apprendre, mais il faut que, d'autre part, je remplisse mon rôle d'administrateur, et je suis obligé de rentrer au Ministère. J'ai tenu à entendre la communication si intéressante de M. Dechambre sur cette question des mélasses, parce qu'un grand nombre d'agriculteurs, soit individuellement, soit collectivement, par l'entremise des associations agricoles, ont appelé mon attention sur la défectuosité du règlement d'administration publique relatif aux mélasses qui servent à l'alimentation du bétail.

On en a fait tomber la faute sur le Ministre de l'agriculture, qui n'en peut mais, car il n'a pas à sa disposition l'Administration des contributions indirectes. (*Rires.*)

Cela rentre dans les attributions d'un autre département ministériel auprès duquel il a assez vivement insisté pour arriver à une solution plus pratique, plus conciliante.

Je dois vous rappeler quelle a été l'origine de la loi du 29 juillet 1884, faite en faveur de l'industrie sucrière, qui donne de si excellents résultats au point de vue de la culture intensive, et qui est due aux efforts persévérants et à l'intelligence de MM. Méline et Ribot, auxquels je suis heureux de rendre hommage en ce moment. (*Très bien! Applaudissements.*)

La loi du 29 juillet 1884 dispose que les mélasses pourraient être conduites aux distilleries, à condition qu'il serait fait un décompte au fabricant de 14 p. 100 de sucre qu'elles sont présumées devoir contenir.

Lors de la crise de 1893, provoquée par la sécheresse et que vous vous rappelez, on est venu me demander, et j'ai dû me préoccuper d'indiquer aux agriculteurs les rations de complément qu'ils pouvaient employer, les rations de remplacement qui pouvaient, jusqu'à un certain point, être données au bétail à la place de foin, d'avoine, de paille, de fourrage qui manquaient complètement à cette époque; on a pensé qu'on pouvait se servir de la mélasse de distillerie, et c'est à mes sollicitations que mon collègue, M. Peytral, qui était à cette époque Ministre des finances, voulut bien diriger son attention sur cette question, et nous déposâmes un projet dans ce sens, malgré la résistance de l'Administration des contributions indirectes.

Je suis parti du Ministère, le projet en était resté là, puis il a été repris, et on a pensé qu'on pourrait tirer de son application une utilité très grande pour l'alimentation du bétail, mais nous avions compté sans ce qu'on appelle le règlement d'administration publique; aussi je pense que, quand on fait des lois, il faudrait faire en même temps le règlement d'administration publique qui doit servir à les appliquer. (*Applaudissements.*)

Eh bien, Messieurs, lorsque je suis revenu cette fois au Ministère, j'ai trouvé que ce projet de règlement figurait dans les dossiers de mon honorable et éminent prédécesseur, qu'il y avait eu avec le Ministre des finances, M. Cochery, une correspondance active et que le Ministre de l'agriculture à cette époque, tout en étant président du Conseil, avait rencontré les mêmes résistances que celles que j'ai trouvées moi-même de la part du Ministère des finances.

Nous avons fait observer qu'un grand nombre de dispositions demandées par l'Administration des contributions indirectes pour le règlement d'administration publique rendait absolument inapplicable l'emploi des mélasses, et j'ai dit que les agriculteurs étaient de ces gens pratiques et de bon sens qui n'aiment pas qu'on leur fasse boire d'excellent vin dans un verre vide. (*Rires et applaudissements.*)

Il y a quelques jours, à la Chambre, on m'a adressé une question à ce sujet et j'ai répondu que j'allais faire de nouveaux efforts auprès du Ministre des finances pour demander des modifications à cette réglementation, parce qu'elle rend absolument inapplicable l'emploi des mélasses.

Je serai très heureux, Messieurs, d'appuyer ma réclamation sur vos discussions, et, en conséquence, je prie Monsieur le Président de vouloir bien me communiquer aussitôt que possible les résultats de vos délibérations à ce sujet. (*Vifs applaudissements.*)

Maintenant, Messieurs, je vous demande la permission de vous quitter.

Auparavant, je tiens à vous dire d'abord que, prenant un très vif intérêt à vos travaux, j'ai, comme mon honorable prédécesseur, autorisé la souscription du Ministère de l'agriculture à la publication du compte rendu de votre Congrès de l'an dernier. Je réserve le même accueil à la demande que votre Bureau ne manquera pas de m'adresser pour celui de cette année. (*Très bien!*)

Je tiens en second lieu à remercier tous ceux qui prennent part aux travaux de ce Congrès, et je leur renouvelle l'expression de ma gratitude, comme Ministre, pour l'excellente œuvre qu'ils accomplissent dans l'intérêt de l'élevage national. (*Très bien! très bien! Applaudissements prolongés.*)

M. le Ministre se retire, l'Assemblée lui fait une ovation. Le Bureau l'accompagne jusqu'au seuil de la salle.

M. Eugène **Mir**, sénateur de l'Aude, prend le fauteuil de la présidence.

M. **le Président**. Y a-t-il quelqu'un parmi vous, Messieurs, qui ait des observations à présenter sur la communication de M. Dechambre ?

M. L. Grandeau me fait observer avec raison que la communication qu'il va faire sur les sucres peut soulever les mêmes questions, et que la discussion s'ouvrirait plus utilement sur les deux communications de M. Dechambre et de M. Grandeau.

En conséquence, je donne la parole à M. Grandeau.

M. L. **Grandeau**. Messieurs, je désire appeler votre attention sur quelques points de la question sucrière [1], question si intéressante et si complexe, qui a

[1] M. L. Grandeau a, dans une de ses récentes publications, expliqué le rôle respectif des sucres et des hydrates de carbone dans l'alimentation. Nous avons cru devoir reproduire ici le très intéressant et magistral extrait qui suit :

.... «Conduit par la situation de l'industrie sucrière, rendue critique par la surproduction, à examiner les moyens d'y remédier, l'augmentation de la consommation du sucre et des matières sucrées par l'homme et par les animaux nous a semblé être la voie rationnelle où l'on doit chercher une solution.

«Dans la situation actuelle, c'est-à-dire avec la faible consommation de 14 kilogrammes de sucre par tête d'habitant et par an, et compte tenu de la production de nos colonies, le sucre de betterave produit sur moitié environ de la surface consacrée en France à la culture de cette plante ne trouve pas son emploi et constitue un stock dont l'écoulement est très difficile. C'est ce stock annuel qu'il faudrait arriver à faire disparaître. La valeur alimentaire du sucre est hors de contexte : son prix élevé est l'obstacle véritable à l'accroissement de la consommation ; j'espère l'avoir démontré.

«Mais est-il indispensable d'extraire la totalité du sucre produit par les 240,000 hectares cultivés en betteraves ? N'y a-t-il pas moyen, avec le concours du bétail, sans réduire sensiblement l'étendue d'une culture qui présente tant d'avantages, d'arriver à obtenir l'équilibre entre la production et la consommation de la matière sucrée ? C'est là le point que je voudrais examiner. Pour le faire utilement, il me faut entrer en quelques rapides considérations sur la valeur alimentaire et sur le prix de revient du sucre et de ses congénères.

«La masse de tous les aliments est constituée par une association de matières azotées et de substances non azotées, formées de carbone et des éléments de l'eau et qu'on désigne sous le nom d'hydrates de carbone. L'albumine est le type de la première, le sucre et ses congénères appartiennent au second groupe. Laissons de côté les matières azotées, les substances dépourvues d'azote étant les seules qui doivent nous occuper à propos du sucre.

«Les principaux hydrates de carbone sont les sucres, l'amidon ou fécule et la cellulose ; le sucre est assimilé directement et complètement par l'organisme animal, sans, pour ainsi dire, subir de transformation et, par conséquent, sans dépense d'énergie, sans travail de l'organisme.

«Ce caractère lui assigne le premier rang parmi les substances alimentaires. L'amidon ou fécule est presque identique au sucre sous ce rapport ; sa digestibilité est quasi intégrale, à peine différente de celle du sucre, mais il doit être transformé en sucre par les sucs intestinaux pour servir à la nutrition de l'animal. L'amidon a donc une valeur alimentaire très voisine de celle du sucre, mais un peu inférieure. La cellulose vient pour les agriculteurs et, en particulier pour les éleveurs, une importance capitale, le sucre étant un aliment de premier ordre. La mélasse, dont vient

en dernier lieu; comme l'amidon, elle n'est utilisable par l'organisme qu'après sa transformation en sucre dans le tube digestif. Son coefficient d'utilisation est moindre que ceux du sucre et de l'amidon, parce qu'elle échappe en partie à cette transformation et subit, notamment chez les ruminants, une décomposition spéciale qui en soustrait une part notable à l'assimilation.

«De ce résumé succinct des faits les mieux acquis, il résulte que l'amidon et le sucre ont une valeur physiologique très voisine, la matière sucrée conservant cependant la supériorité due à sa propriété d'être utilisable, pour ainsi dire, sans modification. Le sucre, loin de n'être, comme on le répète souvent, qu'un condiment, est la matière alimentaire par excellence, productrice de la chaleur et de l'énergie de l'organisme.

«Ces principes étant posés, reste le côté économique de la question, qui est d'importance capitale. Comparons successivement à ce point de vue le sucre à l'état de pureté où l'industrie nous l'offre, la matière sucrée dans la betterave et l'amidon dans les grains et dans les tubercules dont il constitue la masse.

«Si la réduction et, plus encore, la suppression du droit exorbitant qui frappe le sucre doivent nécessairement amener dans la consommation humaine un accroissement énorme, comme l'indique ce qui s'est passé en Angleterre depuis vingt-cinq ans, rien de semblable n'est possible pour l'alimentation du bétail : tout au plus pourrait-il arriver que les bas produits de la sucrerie, débarrassés complètement du droit qui pèse sur le sucre, trouvent leur emploi dans la nourriture des animaux de la ferme. En effet, la valeur vénale du sucre brut, droit déduit, est d'environ 30 francs les 100 kilogrammes, soit 0 fr. 30 l'unité. Le prix du kilogramme des congénères du sucre, amidon et fécule, varie de 0 fr. 10 à 0 fr. 20 au maximum dans les grains, tubercules et déchets industriels de produits agricoles. L'éleveur n'aurait donc pas inté-

rêt à substituer le sucre déchargé de tout impôt aux féculents qu'il peut se procurer au tiers ou à moitié du prix du sucre.

«Dans les expériences sur l'introduction du sucre à haute dose dans la ration du cheval de trait, que nous poursuivons depuis six mois, M. Alekan et moi, avec un plein succès, au laboratoire de recherches de la Compagnie générale des voitures, nous avons eu uniquement en vue d'étudier, avec toute la précision que comporte une expérience physiologique, le rôle alimentaire du sucre, et nous n'avons jamais songé, contrairement à l'opinion que certains critiques nous ont gratuitement prêtée, à introduire le sucre dans la ration normale du cheval de service. Nos expériences, en démontrant la haute valeur du sucre comme aliment et comme générateur d'énergie chez l'animal, celles de Mærcker, Zimmermann, Albert, sur le rôle du sucre dans l'engraissement du porc, ont pour conséquence la démonstration pratique du parti que l'on peut tirer de l'introduction des matières sucrées naturelles dans l'alimentation des animaux.

«Des expériences conduites avec soin sur l'action d'une matière isolée à l'état de pureté, comme le sucre, mettent en relief, d'une façon beaucoup plus nette que des essais basés sur l'emploi de produits complexes, le rôle physiologique de la substance étudiée. Tel est le but que nous poursuivons dans nos expériences, où le côté économique n'a rien à voir. Cela bien établi, examinons le parti que le cultivateur peut tirer de ses betteraves sucrières pour l'alimentation de son bétail, et voyons si ce mode d'utilisation peut être rémunérateur. La betterave provenant de semences de choix, cultivée dans un bon terrain, renferme de 17 à 18 p. 100 de son poids de matière sèche, 81 à 82 p. 100 d'eau et 0,5 à 1 p. 100 de matières minérales. La substance sèche est presque entièrement formée de sucre et d'hydrate de carbone assimilables (de 14 à 15 p. 100 de sucre, 1 à 2 p. 100 d'hydrate de carbone). La petite quantité de matière azotée de vous entretenir M. Dechambre, doit sa valeur alimentaire au sucre qu'elle contient. En passant, je demanderai la permission à M. Dechambre de lui dire que le sucre n'est pas un condiment, ainsi qu'il l'a répété à plusieurs reprises dans son intéressant rapport, mais bien un aliment, au sens précis du terme, et c'est un point capital d'où découlent les observations que je vais avoir l'honneur de vous soumettre.

La question sucrière, à l'heure actuelle, peut se résumer en quelques chiffres qui montrent la gravité de la situation. En 1898-1899, il a été traité 6,110,434 tonnes de betteraves, desquelles on a extrait 706,000 tonnes de sucre raffiné; l'importation de nos colonies françaises est évaluée à 110,000 tonnes, ce qui donne un total de 816,000 tonnes de sucre raffiné disponible. A ce chiffre viennent s'ajouter les 90,000 tonnes de sucre environ contenues dans les mélasses, ce qui porte à 900,000 tonnes le poids du sucre de la dernière campagne. Or, la consommation peut être estimée à 450,000 tonnes au maximum; il y aurait donc 450,000 tonnes de sucre raffiné qu'il s'agit d'écouler soit à la consommation étrangère, à l'aide des primes à l'exportation, soit autrement.

L'accroissement de la consommation indigène du sucre sur laquelle je veux appeler votre attention serait, à coup sûr, le débouché le plus heureux de cet excédent de production.

Il est, en effet, évident que la surproduction menace de provoquer de nou-

qu'elle contient (1 p. 100 environ) est considérée comme ayant la valeur alimentaire des hydrates de carbone.

«On peut donc admettre que 100 kilogrammes de betteraves renferment 17 à 18 kilogrammes de matières hydrocarbonées assimilables. Si le planteur de betteraves déduit du poids des racines récoltées la partie qu'enlève le décolletage, la tare, etc., il n'obtient guère à la sucrerie que 21 à 22 francs par 1,000 kilogrammes de récolte brute. Le prix de la substance alimentaire moyenne dans la racine vendue à ce prix est donc égal à environ 0 fr. 11 à 0 fr. 15 le kilogramme, c'est-à-dire égal et souvent inférieur au prix de l'unité nutritive du son, des petits blés, etc.

«Dans ces conditions, le cultivateur de betteraves aurait donc autant d'avantages à faire consommer ses racines par le bétail de son exploitation qu'à les vendre à la sucrerie. Une tête de gros bétail pouvant aisément consommer, par jour, 20 kilogrammes de betterave, associés à des tourteaux et à divers autres fourrages, la récolte de 10 hectares de betteraves (à 30,000 kilogrammes à l'hectare) serait consommée par 40 têtes de gros bétail, à raison de 7,300 kilogrammes par année.

«Les 100,000 hectares de betteraves, dont le produit correspond à l'excédent de la production annuelle du sucre sur la consommation, fourniraient environ trois millions de tonnes de racines que 425,000 têtes de bétail (sur dix millions de têtes que nous possédons) suffiraient à consommer.

«Il y a donc là à envisager un moyen d'alléger très notablement la surproduction du sucre, sans renoncer à la culture de la betterave si profitable à l'utilisation rationnelle du sol.»

velles crises sucrières tant que le droit exorbitant qui frappe le sucre (60 fr. sur 100 kilogrammes) s'opposera à une augmentation notable de la consommation nationale.

Deux solutions se présentent à l'esprit en ce qui regarde la production du sucre en France :

L'une, qui serait désastreuse pour l'agriculture, consisterait à réduire la surface cultivée en betterave; les cultivateurs sont unanimes, je crois, à repousser cet expédient.

La seconde solution consiste à rechercher tous les moyens pratiques d'accroître la consommation du sucre par l'homme et par le bétail de nos exploitations et celle de la mélasse (220,000 tonnes) que produit l'industrie sucrière. A quelles conditions cette solution peut-elle aboutir? C'est ce que je vous demande la permission d'examiner aussi rapidement que possible, afin de ne pas abuser de votre bienveillante attention.

Cette deuxième solution ne peut être réalisée qu'à la condition d'un dégrèvement très large du sucre raffiné et de la suppression du droit sur les mélasses. On peut juger de l'influence d'un dégrèvement sur le sucre, en jetant un coup d'œil sur ce qui s'est passé en Angleterre.

En 1873, époque à laquelle un droit de 7 fr. 44 par 100 kilogrammes existait encore sur le sucre, la consommation s'élevait à 799,000 tonnes. Le droit ayant été supprimé en 1874, la consommation augmente progressivement et s'accroît de 50 p. 100 en vingt-cinq ans.

Elle était de :

1880	963,000 tonnes.
1885	1,169,000
1890	1,268,000
1895	1,467,000

La consommation du citoyen anglais, qui était par an de 25 kilogrammes en 1873, est actuellement de 40 kilogr. 5.

Voilà des chiffres probants. Vous voyez donc, d'après l'exemple de l'Angleterre, quelle matière à réflexion le législateur peut trouver dans ces constatations, au point de vue de la réduction des droits qui assurerait à cet aliment de premier ordre la place qu'il doit occuper dans l'alimentation de l'homme comme dans celle du bétail.

Je dis que le sucre est un aliment de premier ordre et j'ajoute de suite qu'il présente un caractère absolument exceptionnel entre toutes les denrées alimentaires, celui d'être intégralement digéré et utilisé par l'organisme, sans exiger presque aucune dépense d'énergie. Il n'a pas, comme les autres aliments, besoin de subir des transformations successives; c'est un fait absolument acquis aujourd'hui par toutes les recherches des physiologistes. Ce caractère de digestibilité absolue trouve naturellement son application dans l'alimentation du bétail comme dans celle de l'homme.

Les autres aliments consommés par le bétail ont, en moyenne, une digestibilité voisine de 60 à 65 p. 100 du poids de leurs éléments nutritifs. La fécule fait exception : son coefficient de digestibilité est de 98 à 99 p. 100. A cette digestibilité absolue du sucre, 100 p. 100, se joint une utilisation parfaite de cet aliment par l'organisme, ce que prouve l'absence complète de sucre dans les excréments et dans l'urine.

Le coefficient de digestibilité absolue du sucre étant établi, il me reste à lui opposer la dépense d'énergie nécessaire à la mastication, à la déglutition et à la transformation dans l'appareil digestif des divers principes alimentaires autres que le sucre.

M. Chauveau, dans des expériences classiques, a démontré que le muscle masséter du cheval demande au sang qui le traverse trois fois plus de sucre durant son activité, qu'il n'en consomme au repos; il a de plus démontré que, dans la fonction d'alimentation, la matière sucrée est la source primordiale de l'activité musculaire et de la chaleur animale.

D'autre part, MM. Zuntz et Lehmann ont déterminé par des expériences, dans le détail desquelles je ne puis entrer ici, les quantités d'énergie consommée dans la mastication de l'avoine et du foin. Ils ont constaté les faits suivants :.

Dans 1 kilogramme d'avoine qui renferme 600 grammes de matières nutritives, l'animal n'en utilise que 480 pour son alimentation, la différence, 120 grammes, servant à fournir l'énergie dépensée pour la mastication, soit une perte de 20 p. 100. Pour le foin, Zuntz et Lehmann indiquent un chiffre plus élevé encore, 50 p. 100, dépense pour la mastication.

Après ces observations préliminaires, j'arrive au point spécial de la communication inscrite à l'ordre du jour du Congrès.

Nous avons pensé que cette question du rôle du sucre dans l'alimentation du bétail serait particulièrement intéressante à étudier chez un animal qui dépense beaucoup d'énergie, le cheval de trait, et nous avons institué depuis six mois des expériences au laboratoire de la Compagnie générale des voitures, en vue de déterminer la valeur relative des matières azotées et des éléments hydrocarbonés pour la production du travail.

Dans l'engraissement du bétail, le sucre joue un rôle considérable; j'y reviendrai tout à l'heure.

Les progrès de l'expérimentation physiologique ont complètement modifié les idées qui régnaient sans partage, il y a une vingtaine d'années, sur les conditions de la production de la force musculaire et du travail. On attribuait à la matière azotée (chair, albumine, etc.) la source de l'activité musculaire. On avait été, en partant de cette idée, amené à conclure qu'une ration alimentaire doit contenir d'autant plus de matières azotées qu'on demande plus de travail utile à l'animal qui la consomme, et l'on avait fixé la relation nutritive de la ration de travail à 1/5 ou 1/4.5, ce qui signifie que, pour 4 kilogr. 5 ou 5 kilogrammes de matière non azotée (amidon, matière grasse, cellulose, sucre, etc.), la ration devait contenir 1 kilogramme de substance azotée (albumine, etc.).

L'enseignement de Claude Bernard, dont j'ai eu le bonheur de fréquenter assidûment le laboratoire pendant dix ans, m'avait révélé le rôle prépondérant des substances hydrocarbonées dépourvues d'azote dans la production de la chaleur animale et, par suite, du travail intérieur ou extérieur de l'organisme. Aussi, lorsqu'en 1871, M. Bixio me fit l'honneur de me demander mon concours et mes conseils pour l'étude de la ration alimentaire du cheval de trait, mes premières préoccupations se sont-elles portées sur l'abaissement de la teneur de la ration des chevaux de la Compagnie générale en matières azotées et sur l'augmentation des matières hydrocarbonées. En 1878, sur l'intelligente initiative de son président, M. Bixio, le conseil d'administration de la Compagnie générale décida la création à la manutention de la Compagnie d'un laboratoire de recherches qu'il me confia le soin d'installer et de diriger.

Le laboratoire fut ouvert en 1880; il est pourvu de toutes les ressources nécessaires à l'expérimentation : stalles pour les chevaux en expériences, permettant la récolte des fèces et de l'urine, manège dynamométrique et voitures à odographe Marey, pour la mesure du travail effectué par des chevaux, etc.

Depuis 1880 jusqu'à ce jour, j'ai pu, avec le concours successif de collaborateurs distingués et dévoués, MM. A. Leclerc, Ballacey et Alekan, entreprendre des séries d'essais complets sur l'alimentation du cheval envisagée au point de vue de l'utilisation de la ration dans les divers états par lesquels passe l'animal : repos, marche au pas et au trot, travail au pas et au trot.

Toutes ces recherches expérimentales, sans exception, ont abouti à me confirmer dans l'idée première qui les avait inspirées, à savoir, que l'élément essentiel de la production de l'énergie et du travail est la matière hydro-carbonée des aliments (amidon, cellulose saccharifiable, sucre, etc.), l'azote devant entrer dans la ration du travail pour couvrir les pertes résultant de l'usure légère du muscle, mais sans que la quantité que l'organisme en réclame pour son entretien soit, en aucune façon, proportionnelle au travail utile (extérieur) produit. Le résultat économique de cette démonstration est considérable, en raison de la différence de prix très grande des principes amylacés des fourrages comparés aux principes azotés.

Au mois de juillet dernier, j'ai entrepris, avec M. Alekan, une série de recherches spéciales sur l'influence du sucre introduit à différentes doses dans la ration du cheval de service. Je n'entrerai en aucun détail sur ces expériences que nous publierons lorsqu'elles seront complètement achevées, mais je crois intéressant d'en faire connaître dès aujourd'hui les principaux résultats, qui mettent en évidence, d'une manière saisissante, les relations du sucre avec la production du travail et qui confirment absolument leur supériorité, à ce point de vue, sur les matières azotées, que j'indiquais tout à l'heure.

Chacune de nos expériences a porté, comme nous l'avons toujours fait, sur trois chevaux aussi comparables que possible sous le rapport de l'âge, de la taille, du poids et de l'état général. Comme dans tous nos essais antérieurs, les fèces et l'urine ont été soigneusement recueillies et analysées; les poids et la composition des fourrages consommés ont été rigoureusement déterminés; le volume d'eau bue exactement noté; le travail au manège et à la voiture évalué au dynamomètre. Les chevaux étaient, comme nous le faisons toujours, pesés régulièrement plusieurs fois par jour aux mêmes heures. En un mot, ces expériences ont été conduites avec tous les soins possibles et les données les plus complètes sur leurs diverses phases recueillies ponctuellement.

Les quantités de sucre ajoutées aux différentes rations ont varié progressivement de 600 grammes à 2 kilogr. 400 par jour (taux actuel dans les essais qui se poursuivent).

Les fourrages expérimentés soit seuls, soit associés au sucre, sont les suivants : foin, paille d'avoine, maïs; les aliments concentrés (riches en azote) ont été la maltine, produit secondaire du traitement industriel du maïs, et les granules, excellent aliment préparé à la manutention de la Compagnie à l'aide de matières premières riches en azote.

Les tableaux suivants donnent les résultats obtenus dans l'application des divers régimes alimentaires; ils sont des plus instructifs.

RÉGIME[1].	MATIÈRE DIGESTIBLE PAR CHEVAL et par jour.		MATIÈRE DIGESTIBLE totale par 1,000 kilogr. de poids vif.	RELATION NUTRITIVE.	VALEUR CALORIFIQUE. (Calories).
	Azotée.	Non azotée.			
	grammes.	grammes.	kilogr.		calories.
1. Foin seul	263,8	2.979,5	7,800	1/11,3	13.429,4
2. Foin et sucre	318,4	4.298,2	11,300	1/13,6	19.070,7
3. Maltine................	778,1	4.388,6	13,100	1/ 5,6	21.572,6
4. Granules seuls............	870,5	4.692,1	14,000	1/ 5,4	23.211,9
5. Granules et sucre	395,7	5.291,6	14,000	1/13,4	23.515,8
6. Maïs et sucre.............	243,0	5.422,0	13,900	1/22,3	23.339,0

[1] Chacun des régimes 3 à 6 comportait, outre les aliments ci-dessus, 2 kilogr. 500 de paille d'avoine hachée.

Les rations consommées par les chevaux dans ces six séries d'expériences ont été extrêmement différentes, on le voit, sous le rapport de leur teneur en principes azotés digestibles; en effet, la teneur en matières azotées a varié de 243 grammes à 870 grammes par vingt-quatre heures, soit une différence de 627.5 dans la ration journalière; par suite, les relations nutritives extrêmes ont été de 1/5,4 à 1/22,3.

Quel a été le retentissement de ces énormes différences dans le régime alimentaire : 1° sur le poids de l'animal; 2° sur les quantités d'eau bue par kilogramme de matière sèche ingérée; 3° sur le travail kilogrammétrique effectué; c'est ce que les chiffres suivants vont vous indiquer.

RÉGIME[1].	TRAVAIL EFFECTUÉ.	EAU BUE par KILOGRAMME de substance sèche.	VARIATIONS JOURNALIÈRES du poids du cheval.
	kilogrammètres.	kilogr.	kilogr.
1. Foin seul................................	230,189	3,833	— 0,300
2. Foin et sucre............................	230,497	3,000	+ 0,120
3. Maltine.................................	221,906	3,900	-|- 0,128
4. Granules seuls...........................	247,138	3,000	+ 0,013
5. Granules et sucre........................	254,381	2,700	+ 0,053
6. Maïs et sucre	262,920	1,900	— 0,200

[1] Chacun des régimes 3 à 9 comportait, outre les aliments ci-dessus, 2 kilogr. 500 de paille d'avoine hachée.

La discussion des résultats consignés dans ces deux tableaux conduit aux conclusions suivantes, que je me réserve de développer lorsque nous publierons, M. Alckan et moi, le compte rendu détaillé de cette série d'essais :

1° Conformément à nos observations précédentes, le foin est de tous les aliments le moins favorable à l'entretien du cheval de service, et c'est à juste raison que l'on a renoncé depuis longtemps, à la Compagnie générale, à le faire entrer dans la ration;

2° Le travail maximum a été obtenu avec la ration la plus pauvre en matière azotée (243 grammes, ration n° 6) et la plus riche en matière hydro-carbonée, notamment en sucre (5 kilog. 400, ration n° 6);

3° Le travail produit a augmenté avec la valeur calorifique de la ration (rations 4, 5, 6);

4° L'entretien du poids vif a été assuré par les diverses rations; les rations riches en sucre l'ont le mieux maintenu (rations 4, 5, 6);

5° Fait intéressant à noter, contrairement à l'idée préconçue qu'on aurait pu avoir, une dose élevée de sucre dans la ration n'augmente pas la soif de l'animal; c'est avec la ration au sucre (4 à 6) que la quantité d'eau bue a été la moindre, à la fois par rapport au poids de la substance sèche et absolument parlant. Avec la ration paille, maïs et sucre, la quantité d'eau bue est tombée à 1 kilogr. 900 par kilogramme de substance sèche; elle a atteint le maximum, 3 kilogr. 900 (n° 3), avec la ration la plus riche en matière azotée;

6° Ces expériences montrent, avec une netteté indiscutable, dans quelle proportion considérable peut varier la relation nutritive d'un animal sans porter préjudice à son entretien et à la somme d'énergie transformée en travail utile [1].

C'est le cheval à la ration sucrée (n° 6) qui a accompli le plus fort travail, alors que la ration n'avait qu'une relation nutritive de 1/22.3, et c'est le cheval à la ration la plus azotée, dont la relation était 1/5.4, qui a produit le moindre travail. Il n'est pas inutile d'indiquer, à ce propos, comment le cheval effectue librement le travail kilogrammétrique indiqué dans le tableau ci-dessus. L'animal travaille pendant un temps égal pour chaque essai d'ali-

[1] Je dois faire observer qu'il s'agit ici d'expérimentation physiologique et non de formules de ration applicables dans la pratique.

mentation, soit une heure par exemple. Il parcourt dans ce temps, à l'allure qui lui convient, un espace dont la longueur, variable d'un essai à l'autre, mais exactement mesuré, sert, d'après l'effort de traction au dynamomètre, à calculer le travail utile produit. Le résultat de ce calcul permet donc d'estimer la valeur de la ration au point de vue de l'énergie développée.

La conclusion générale de nos expériences sur le sucre est la démonstration rigoureuse de la haute valeur alimentaire de cette substance. Cette conclusion est en accord complet avec les résultats des longues et délicates expériences de M. Chauveau sur l'importante question du rôle du sucre dans l'économie et dans l'alimentation. Nous sommes très heureux de la concordance des résultats généraux de nos expériences avec ceux que l'éminent professeur du Muséum a obtenus. Ils confirment notre confiance dans la méthode que nous appliquons depuis vingt ans à nos recherches expérimentales sur l'alimentation, et nous encouragent à poursuivre nos expériences dont l'agriculture pourra, nous l'espérons, tirer profit pour l'alimentation de son bétail et pour la défense de ses intérêts, dans la réforme du régime fiscal du sucre.

Messieurs, j'arrive maintenant à l'examen du rôle du sucre dans l'engraissement du bétail.

Les propriétés engraissantes du sucre sont connues de tous. Les intéressantes expériences déjà anciennes de MM. Märcker et Zimmermann, celles plus récentes de MM. Märcker et Albert, montrent toute l'influence du sucre sur la production de graisse chez les animaux.

Il y a quinze ans environ, au moment de la crise sucrière en Allemagne, MM. Märcker et Albert ont étudié l'introduction du sucre dans l'alimentation du porc à l'engrais et constaté qu'elle avait pour résultat d'accroître le poids vif des animaux qui y étaient soumis, d'environ 1 kilogramme par jour. On sait d'ailleurs qu'on interdit l'usage des matières sucrées aux personnes atteintes d'obésité, et, d'autre part, il est avéré que les nègres qui, au moment de la récolte de la canne à sucre, sucent les cannes ou boivent du vézou, engraissent notablement [1].

Examinons maintenant sommairement les moyens d'arriver à l'utilisation

[1] Voir le résumé des expériences de Märcker et Albert à Lauchstadt, ainsi que les documents relatifs à l'emploi de la mélasse et des fourrages mélassiques dans la brochure *Le sucre et l'alimentation de l'homme et des animaux*, rédigée à l'occasion du troisième congrès de la Société d'alimentation rationnelle du bétail. In-8° à la librairie agricole de la maison rustique; prix, 1 fr. 50.

des 450,000 tonnes environ qui représentent actuellement l'excédent de la production en sucre raffiné sur la consommation.

Il s'en présente trois principaux à l'esprit :

1° Utiliser directement la betterave sucrière dans l'alimentation du bétail;

2° Introduire la mélasse dans l'alimentation du bétail;

3° Accroître très notablement, par une réduction considérable des droits, la consommation du sucre par la population française.

Sans vouloir entrer dans des détails qui fatigueraient votre bienveillante attention, j'examinerai brièvement les deux premiers points. J'ai rappelé tout à l'heure, en citant l'exemple de l'Angleterre, l'influence que la diminution de l'impôt sur le sucre exercerait sur la consommation.

En ce qui concerne la composition de la betterave, rappelons qu'elle contient 17.8 p. 100 de son poids d'éléments nutritifs assimilables, dont 14 environ de sucre. Or, la betterave *entière* vaut environ 21 francs les 1,000 kilogrammes; le coût de l'unité nutritive y est donc de 0 fr. 12 environ. En comparant ce chiffre avec celui de l'unité nutritive, fourni par les mélasses livrées au droit fixé par la loi de 1897, 0 fr. 15 par unité, on constate qu'il lui est inférieur d'un cinquième environ.

Voici quelques données sur les quantités de mélasse que l'on fait utilement consommer aux animaux de la ferme : la brochure que j'ai l'honneur de déposer sur le bureau du Congrès donne à ce sujet des renseignements détaillés que je ne pourrais vous exposer sans crainte d'abuser de votre temps et de votre bienveillance.

Je vais m'occuper maintenant des RÉSULTATS DE L'EMPLOI DE LA MÉLASSE DANS L'ALIMENTATION DU BÉTAIL EN 1895-1896, À LA SUCRERIE DE GUHRAU.

Chevaux. — Tous les chevaux de l'exploitation reçoivent leur ration ordinaire d'avoine et de féveroles, dans laquelle 500 grammes du mélange sont remplacés par 1 kilogramme de tourbe mélassique.

Au bout de trois jours, tous les chevaux acceptaient le nouvel aliment; au bout de huit jours, tous s'en montraient avides, et il arriva un jour qu'ils mangèrent mal parce que l'addition de tourbe mélassique avait été omise. Les mêmes faits ont été observés dans les régiments de cavalerie : on a également constaté, comme à la sucrerie, que les coliques devenaient rares et que les chevaux qui y étaient sujets se trouvaient beaucoup mieux.

Les poulains reçoivent dans leur ration, composée de tourteaux, de chènevis, de petit-lait et de carottes, 5oo grammes à 1 kilogramme de tourbe mélassique.

Sous l'influence du régime à la mélasse, le poil s'est partout amélioré. Les chevaux de culture ont le poil lisse, beaucoup d'appétit; pendant les durs travaux de charrois de betteraves, à l'automne et en hiver, on a porté à 1 kilogr. 5oo la dose de *mélasse*.

Les coliques graves ne se sont pas manifestées depuis deux ans; un seul cas léger, qui a cédé en une heure, s'est produit.

Par suite de ce bon résultat, on donne la tourbe mélassique aux chevaux de selle et de voiture de la sucrerie.

Bœufs de trait. — Après avoir constaté les bons effets des tourteaux mélassés, on a commencé à donner aux bœufs 1 kilogramme de tourbe mélassique. La ration des bœufs est composée de tourteaux de coton moulus, de bon foin, mélangés à des cossettes fermentées, additionnées de trèfle et de décolletages de betteraves.

On a progressivement porté à 2 kilogr. 5oo de tourbe mélassique l'addition à la ration, par jour et par tête. A cette dose, la tourbe a produit quelques troubles digestifs : on a ramené la quantité de tourbe mélassique à 2 kilogrammes. Les bœufs ont une allure excellente à la herse et à la charrue, comme à la voiture. Le poil est bien meilleur qu'antérieurement.

Vaches laitières. — Les vaches de l'étable reçoivent, depuis 1896, 5oo grammes de tourteaux de palme mélassique par tête; la tourbe, à la dose de 1 kilogramme, comme le tourteau à même dose, par jour, a provoqué quelques diarrhées.

Depuis le mois de novembre, des vaches mises à l'étable après le vêlage, ont été installées à part; elles reçoivent depuis cette époque (2 ans), en addition au fourrage brut, 1 kilogr. 25o de farines de coton et 2 kilogrammes de tourbe mélassique. La traite et le croît ont été particulièrement satisfaisants à ce régime et les animaux sont en parfait état.

Trois vaches pleines ont reçu par tête 5oo grammes de tourbe mélassique, sans inconvénient.

Les éleveurs qui ne laissent pas saillir leurs vaches, auxquelles ils ne demandent que du lait et plus tard de l'engraissement, trouveront dans la tourbe mélassique un excellent aliment; ceux qui, au contraire, font de l'élevage, devront être aussi attentifs du côté de la tourbe que de celui des farines de coton.

Jeune bétail. — Le bétail de 2 à 3 ans qu'on veut engraisser reçoit avec profit jusqu'à 1 kilogr. 500 de tourbe mélassique, par jour et par tête.

80 têtes de jeunes bovins (2 à 3 ans) recevaient par tête 1 kilogramme de tourteaux mélassiques, avec de la farine de coton, des cossettes ou de la tourbe mélassique.

L'addition de mélasse aux feuilles de betteraves n'est pas convenable, en raison de la trop grande quantité de *sels* que renferme cette ration, mais la tourbe diminue les cas de diarrhée; — dose : 250 à 350 grammes de fourrage mélassique pour les jeunes.

Comparons maintenant les doses de betteraves et des mélasses équivalentes chez le bœuf à l'engrais.

Par 1,000 kilogrammes de poids vif, la quantité qui apporterait à la ration les 2 kilogr. 600 de sucre que la mélasse renferme serait de 18 kilogrammes environ de betterave fraîche; chiffre faible, on le voit. Ces 18 kilogrammes, à 21 francs les 1,000 kilogrammes, coûteraient 0 fr. 378; 6 kilogrammes de mélasse, à 9 fr. 80 les 1,000 kilogrammes, coûteraient 0 fr. 588.

L'avantage reste donc à la betterave.

Si la mélasse était, comme en Allemagne, exempte de droit, les 100 kilogrammes vaudraient au maximum 4 fr. 50 à 5 francs, et le coût de la ration de mélasse tomberait alors à 0 fr. 27 ou 0 fr. 30.

La betterave aurait sur la mélasse une supériorité incontestable, car on pourrait, à son aide, donner beaucoup plus de sucre à l'animal, sans aucun inconvénient.

On peut avoir une idée des limites dans lesquelles, suivant les prix de la mélasse, la valeur de l'unité nutritive varie par rapport à celui des autres denrées.

Voici le tableau dressé par Märcker à ce sujet :

DENRÉES.	PRIX des 100 KILOGR. de fourrages.		NOMBRE des UNITÉS nutritives.	PRIX de L'UNITÉ nutritive.	
	fr.	c.		fr.	c.
Orge..	16	25	105	0	155
Orge mondé (groupe de).....................	13	75	112	0	123
Farines de riz...............................	10	95	118	0	093
Son de seigle.................................	12	50	113	0	110
Son de blé...................................	11	90	109	0	109
Mélasse......................................	7	50	70	0	11
Idem..	6	25	70	0	09
Idem..	5	00	70	0	07
Idem..	3	75	70	0	054

Quand le prix de la mélasse n'excède pas 7 fr. 50 les 100 kilogrammes, l'unité nutritive ne coûte pas plus cher que dans les autres denrées; mais à 9 fr. 80, prix de la mélasse française à droit réduit, l'unité revient à 0 fr. 14.

La réduction, sinon la suppression du droit sur le sucre de la mélasse, est donc nécessaire pour que cette denrée prenne dans l'alimentation l'importance qu'elle doit avoir.

Il y a une véritable campagne à entreprendre pour amener la réforme du régime fiscal du sucre et de ses dérivés. Pour la faire aboutir, les seuls efforts des physiologistes et des agronomes seraient insuffisants; il faut que l'opinion publique s'y associe. La question est si importante pour les cultivateurs, pour les éleveurs et pour les consommateurs, qu'on ne peut douter qu'éclairés par la science sur les bienfaits de la réforme, tous ceux qui ont souci du progrès auront à cœur d'en hâter l'avènement par leurs revendications auprès des pouvoirs publics.

Messieurs, comme conclusion de l'ensemble des faits que nous venons d'indiquer, d'où ressort très nettement la haute valeur alimentaire du sucre et des sous-produits, mélasse, etc.,

J'ai l'honneur de proposer au Congrès d'émettre le vœu suivant :

« La mélasse destinée à l'alimentation du bétail devrait être exemptée de tout impôt et, dans tous les cas, la réglementation de 1897 concernant sa livraison aux éleveurs doit être débarrassée des exigences et des formalités qui s'opposent à l'introduction de ce précieux aliment dans le régime des animaux. »
(*Applaudissements.*)

3.

M. le Président. Messieurs, y a-t-il quelqu'un d'entre vous qui désire poser une question au sujet de la communication de M. Grandeau et de celle qu'a faite avant lui M. Dechambre?

M. Dechambre. Messieurs, je désire préciser, en quelques mots, la distinction que je crois devoir être établie entre le rôle du sucre et celui de la mélasse.

Je dis, comme M. Grandeau, que le sucre est un aliment et qu'en raison de sa composition simple et constante, il produira des effets constants.

Je dis que la mélasse est en même temps un condiment; non pas à cause du sucre qu'elle renferme, celui-ci assurant sa valeur alimentaire, mais à cause des matières minérales et organiques qui y sont jointes. J'ajoute que la mélasse, ayant, outre sa teneur en matière sucrée, une composition complexe et variable, doit produire dans l'organisme des effets également variables et complexes.

Voilà pourquoi, tout en reconnaissant la haute valeur alimentaire des hydrates de carbone, je pense que la question de l'alimentation par la mélasse doit être distinguée de la question de l'alimentation au sucre.

M. Grandeau. Pour moi, cette distinction entre la mélasse et le sucre n'a pas un si grand intérêt, et je considère le sucre comme un aliment plus important peut-être, au sens physiologique du mot, que le pain et la viande.

M. Regnouf de Vains. Messieurs, je ne voudrais dire qu'un mot sur les foins et les pailles que consomment les animaux. Je parle des mauvais pays dans lesquels le foin est délaissé par les animaux, parce qu'ils le refusent, et que, quand on le leur présente, ils ne le mangent pas. Je suis d'un département (la Manche) où précisément les bêtes refusent ce foin, et je crois qu'il pourrait être consommé en le mélangeant avec de la mélasse. Mais ce n'est pas commode, car ce moyen de faire manger le mauvais herbage aux bêtes est coûteux, et je suis complètement de l'avis de M. Grandeau qui demande la suppression du droit.

M. le Président. La parole est à M. Sanson.

M. Sanson. Messieurs, tout à l'heure, avant la déclaration de M. Regnouf de Vains, deux de mes collègues ont discuté la question de savoir si la mélasse était un aliment ou un condiment.

Tout d'abord, je dirai qu'à ma connaissance il n'y a pas une seule des substances appelées condiments qui ne soit en même temps un aliment, c'est-à-dire qui ne puisse fournir des principes nutritifs aux éléments anatomiques du corps animal. Le sel de cuisine, le plus usité de tous, est un des éléments indispensables de l'organisme. Il est vrai, par contre, qu'il y a des aliments qui ne sont point du tout des condiments.

La distinction admise entre les aliments et les condiments n'a donc pas de raison de subsister. Ce qui est réel, c'est qu'il y a une action condimentaire dont certains aliments sont doués et d'autres non. Elle consiste en ce que la saveur ou l'aspect de l'aliment est agréable à celui, homme ou animal, qui le consomme.

A ce titre, la mélasse, dont il s'agit, est à la fois un aliment et un condiment.

En consultant les animaux, ce qu'on doit toujours faire en pareil cas, on constate qu'ils acceptent volontiers des fourrages arrosés de mélasse qu'auparavant ils avaient refusés. Ces remarques mettront, je pense, nos collègues d'accord.

M. le Président. Messieurs, avant toute autre discussion, je crois devoir mettre aux voix une question sur laquelle nous sommes, je crois, tous unanimes, y compris M. le Ministre de l'agriculture lui-même. Vous l'avez entendu tout à l'heure, et malgré la réserve que lui imposent ses hautes fonctions, il ne nous a pas dissimulé que l'administration fiscale lui paraît avoir des exigences qui s'opposent à l'emploi économique et pratique des mélasses. M. le Ministre nous ayant engagé à émettre notre avis sur cette question pour qu'il puisse s'en prévaloir et l'invoquer auprès de son collègue des finances, je crois que l'Assemblée voudra bien émettre le vœu :

1° Que la mélasse soit exempte complètement de toute taxe de consommation ;

2° Que l'emploi des mélasses soit affranchi de toutes entraves administratives, que le règlement d'administration publique soit modifié et que les formalités qu'il impose soient simplifiées.

Je mets ce vœu aux voix.

Que ceux qui sont d'avis d'émettre ce vœu veuillent bien lever la main ! *Toute la salle vote à mains levées.*

Avis contraire? *Aucune main ne se lève à la contre-épreuve.*

En conséquence, le vœu est adopté à l'unanimité; je vois qu'il n'y a pas d'employés des contributions indirectes dans la salle. (*Hilarité.*)

Messieurs, nous reprenons la suite de la discussion.

Quelqu'un a-t-il des observations à faire sur la communication qui vient de vous être présentée par M. Grandeau?

Un Membre. Messieurs, je suis heureux de constater que le vœu qu'a mis aux voix M. le Président a été adopté à l'unanimité, mais il est un impôt bien plus important sur lequel je veux apporter votre attention.

Je vous demande de voter, en même temps que l'exemption du droit sur les mélasses, l'exemption totale de l'impôt sur le sucre...

M. le Président. Je prie l'orateur de m'excuser si je l'interromps. Nous pourrions assurément nous donner le facile plaisir de voter ici la suppression de l'impôt sur le sucre; et, dans cette voie, qui nous empêcherait de demander la suppression de tous les impôts? (*Rires et approbations.*) Mais si vous voulez que nous fassions œuvre utile, si vous entendez que les vœux que nous émettons soient efficaces et que nos délibérations conservent leur autorité, ne demandons aux pouvoirs publics que les sacrifices qui peuvent être faits sans compromettre l'équilibre du budget. La taxe sur les sucres produit près de 200 millions. Croyez-vous qu'on puisse la supprimer d'un trait de plume? Sans doute, il serait d'une sage politique de réduire les dépenses publiques pour diminuer d'abord, supprimer ensuite cette taxe et provoquer ainsi, au grand profit de l'agriculture et de la santé populaire, une plus grande consommation de sucre. Mais rentre-t-il dans nos attributions de réformer notre système fiscal et de donner une direction à notre politique nationale? Je ne le pense pas, Messieurs. Nous devons nous restreindre et rester sur notre terrain. Attentifs aux questions agricoles, nous pouvons et nous devons appeler l'attention du législateur sur des redressements de taxes, qui, sans compromettre l'équilibre du budget, seraient utiles aux agriculteurs. A ce titre, il nous appartient de demander la suppression de la taxe des mélasses employées à l'alimentation du bétail : cette taxe, en effet, ne produit rien, parce que l'emploi des mélasses, paralysé par elle, n'a reçu aucune extension; en demandant sa suppression, nous ne portons pas atteinte au budget qu'elle n'alimente pas et nous favorisons l'emploi d'un aliment utile.

Nous sommes donc dans notre rôle. Nous en sortirions en demandant la suppression de toutes les taxes sur les sucres. Je ne crois donc pas pouvoir mettre aux voix la proposition qui vient d'être faite. Je vois d'ailleurs, et je l'en remercie, que son auteur n'insiste pas. (*Approbation et applaudissements.*)

M. Sanson. La question est complètement différente.

M. Grandeau. Il y a une proposition déposée à cet effet.

Un Membre du Congrès. Il faudrait alors supprimer tous les impôts, comme vient de le dire M. le Président.

M. le Président. L'incident est clos.

Messieurs, un Membre du Congrès m'a prié de lui servir d'intermédiaire auprès de M. Grandeau et de poser les questions suivantes :

1° Étant donné que le sucre est un aliment et un aliment très utile pour le bétail de trait comme pour le bétail d'engraissement, pourquoi ne donnerait-on pas le sucre directement aux animaux, en leur faisant consommer la betterave à sucre? En d'autres termes, y a-t-il intérêt, dans l'hypothèse, bien entendu, que l'impôt sur le sucre serait supprimé, à extraire d'abord le sucre de la betterave, et ne serait-il pas plus économique de faire consommer directement la betterave à sucre par les animaux, en mélangeant cette dernière avec des menues pailles et des matières sèches quelles qu'elles soient, qu'on pourrait ainsi utiliser?

2° Dans le même ordre d'idées, y a-t il un intérêt réel à substituer dans la ferme la betterave à sucre, dont on donnerait de 15 à 30 kilogrammes, à la betterave fourragère, dont on donne 40, 50 et même 60 kilogrammes?

Je pose ces deux questions à M. Grandeau; je crois d'ailleurs qu'il les a traitées dans sa communication, mais comme je ne suis que l'interprète d'un congressiste qui m'a saisi de ces questions, j'en saisis à mon tour M. Grandeau.

M. Grandeau. Monsieur le Président, je réponds aux questions que vous voulez bien me poser. J'ai indiqué tout à l'heure que la betterave à sucre contenant 14 à 15 p. 100 de sucre, si on l'employait comme betterave fourragère, il y aurait économie à faire consommer la betterave plutôt que le sucre qu'on en extrait; l'unité nutritive de la betterave coûtant environ de 12 à 15 centimes, la betterave serait un aliment relativement bon marché. Ce qui empêche de donner une grande extension à cette alimentation, c'est la difficulté de la conservation de la betterave pendant un temps un peu long.

Quant à la substitution de la betterave sucrière à la betterave fourragère, les éléments me manquent pour discuter aujourd'hui cette question[1].

[1] Nous extrayons d'un article de M. Eugène Mir, paru dans le *Journal d'Agriculture* du 25 mars 1899, sur l'avantage de la betterave riche au point de vue alimentaire, le passage suivant :

« ...Les agriculteurs du Nord cultivent avec la plus rare perfection la betterave à sucre ou à distillerie, qui fournit à leurs animaux, sous forme de résidus de fabrication, une excellente et économique alimentation. Ceux d'entre eux qui n'ont pas dans leur voisinage une sucrerie ou une distillerie et qui sont obligés de donner à leur bétail la betterave sans la faire passer par l'usine, ne cultivent plus les variétés fourragères à gros volume ; ils ont adopté les variétés de distillerie qui, sous un volume un peu réduit, leur donnent en matière sèche un rendement plus élevé, et ils reconnaissent l'immense avantage qu'il y a, suivant la formule de M. Garola, «à cultiver les racines fourragères d'après les «mêmes procédés culturaux que les racines sac-«charigènes ».

« Les agriculteurs du Midi, au contraire, persistent à cultiver les variétés fourragères à gros et trompeurs rendements, et si la Mammouth, si riche en eau, si pauvre en matière nutritive, est quelque peu délaissée, la Globe jaune, l'Ovoïde des Barres et leurs variétés, qui dans les terres exceptionnelles, il est vrai, donnent jusqu'à 100,000 kilogrammes de racines (dont 92,000 kilogrammes d'eau), ne sont encore que trop cultivées dans tout le Sud-Ouest. C'est aux cultivateurs de cette région que je voudrais spécialement m'adresser.

« Je voudrais leur dire qu'après les belles et décisives expériences de MM. Dehérain et Garola, ils sont impardonnables de continuer à produire des racines de 3, 4, 5 kilogrammes et plus; s'il paraît téméraire de s'adresser à la betterave à sucre elle-même, qui ne donne qu'un volume de nourriture par trop réduit, les expériences des deux savants agronomes dont je viens de parler semblent indiquer que la betterave à distiller concilie toutes les exigences, et que c'est la meilleure des *betteraves fourragères*........

....

« ...Pour convaincre les agriculteurs de la supériorité de cette culture à intervalles réduits, et aussi de l'avantage qu'il y a à substituer les betteraves riches aux variétés fourragères, je me contenterai d'extraire deux chiffres des travaux de M. Garola. (Voir le compte rendu du deuxième Congrès tenu en 1898, au Concours agricole de Paris, par la Société d'Alimentation rationnelle du bétail, pages 112 et suivantes.) Tandis que, d'après ces expériences, la betterave à sucre à collet rose a donné une production en moyenne de 5,777 kilogrammes de substance alimentaire par hectare, la «trop répandue» Ovoïde des Barres n'a produit que 2,536 kilogrammes, soit un écart de plus de 227 p. 100 en faveur de la betterave à collet rose. «Tout commentaire, «comme le dit M. Garola, ne pourrait qu'affaiblir «une telle constatation ».

M. le Président. Il semble résulter de travaux récents, et notamment de celui de M. Garola, inséré dans le compte rendu du Congrès de l'an dernier, qu'il y a intérêt à substituer la betterave de distillerie à la betterave fourragère et de serrer les plants le plus possible, afin d'obtenir des betteraves plus petites et, par là même, plus riches en sucre et matière sèche.

M. Regnouf de Vains. Je suis aussi d'avis qu'il est préférable d'avoir de la betterave à sucre avec un rendement moindre qu'une betterave fourragère avec un rendement maximum.

M. Gouin. Je dois rendre compte, à la prochaine séance, d'expériences qui nous ont amené, M. Andouard et moi, à récolter des betteraves pendant plus de cinquante jours consécutifs et à en doser chaque fois la matière sèche. Elles appartenaient à la variété Ovoïde des Barres et étaient cultivées dans un terrain assez ingrat.

Quand nous avons commencé la récolte, à la mi-septembre, avant les premières pluies, leur grosseur était encore infime, mais elles contenaient jusqu'à 19 p. 100 de matière sèche. Plus tard, sous l'influence de l'humidité, nous avons vu la teneur en matière sèche s'abaisser à 8 1/2 p. 100. pour des racines dont le développement ne dépassait pas la moyenne normale.

La betterave des Barres est réputée une des variétés fourragères les plus nourrissantes ; qu'eût-ce donc été pour les autres ?

La production de fourrages très aqueux, quelque abondante qu'elle soit, ne saurait être avantageuse. Si on les donne aux animaux avec du foin, la masse alimentaire qui devra contenir la quantité de matières nutritives nécessaire à leurs besoins devient trop volumineuse pour que leur estomac puisse l'absorber et la mettre en œuvre. On est obligé alors d'avoir largement recours aux tourteaux et autres aliments concentrés.

A part les cas moins nombreux qu'on se l'imaginait autrefois, où il y a lieu de viser à une relation nutritive fortement azotée, l'agriculteur a tout intérêt à demander à la terre des récoltes plus riches, qui suffisent pour entretenir son bétail en parfait état et lui évitent de faire de nouveaux déboursés.

On ne saurait donc trop l'engager à délaisser les anciennes betteraves fourragères, si pauvres en principes alimentaires, et à leur substituer les variétés demi-sucrières. Ces dernières, sous un volume moindre, lui produiront une quantité de nourriture effective bien plus considérable.

Uɴ Mᴇᴍʙʀᴇ ᴅᴜ Coɴɢʀès. M. Garola a fait ressortir très nettement l'importance du rôle de la betterave à sucre; il a fait des expériences sur les moutons et les vaches d'une ferme et il a reconnu la grande supériorité de la betterave à sucre; ce qui ne fait que confirmer ce que M. Grandeau nous a dit : les résultats sont à peu près identiques.

M. Sᴀɴsoɴ. Je ne veux pas déprécier la valeur réelle des travaux de M. Garola, mais je crois que les essais dont nous parlait notre collègue ont été faits antérieurement, d'une part, par M. Dehérain et, d'autre part, par mon regretté ami et collaborateur, M. Paul Gay, dont j'ai signalé les recherches dans notre premier congrès. M. Garola n'a, du reste, pas manqué de le reconnaître lui-même dans son Mémoire.

De plus, M. Dehérain a établi qu'on pouvait employer de préférence la betterave demi-sucrière comme plus riche en matière sèche et plus digestive que les autres. Mais je tenais surtout à rappeler ici la part qui revient à mon regretté assistant, M. Gay.

M. Nɪcoʟᴀs. Il est évident, et j'en ai fait l'expérience, que la demi-sucrière est supérieure à toutes les autres au point de vue de l'alimentation.

M. ʟᴇ Pʀésɪᴅᴇɴᴛ. La parole est à M. Mallèvre.

M. Mᴀʟʟèᴠʀᴇ. Dans les communications qui viennent d'être présentées, il a été plus spécialement question de l'influence des aliments sucre, mélasse, etc. sur la production du travail ou sur l'augmentation du poids vif des animaux. Il me semble opportun d'y ajouter le résumé de quelques expériences faites en dehors de notre pays, touchant des questions un peu différentes, mais non étrangères à l'objet des discussions actuelles, puisque l'aliment qui est surtout en jeu est encore la mélasse.

Quelques-unes de ces expériences ont porté sur les vaches laitières, dans le but de rechercher si la consommation de la mélasse en quantité très modérée par ces animaux entraîne des modifications dans la production du lait, dans sa teneur en matière grasse et dans la qualité du beurre obtenu. D'autres expériences ont été faites sur les porcs, afin d'étudier l'influence de l'alimentation sur la qualité de la viande grasse.

Les essais dont j'ai à parler ont tous été faits en Danemark, sur une grande échelle, d'après une méthode sur laquelle j'ai eu l'occasion d'attirer l'attention lors du premier Congrès [1]. A cette époque, j'en ai fait ressortir les avantages. Ils consistent essentiellement en ce que les chances d'erreur dans les résultats, qui pour les expériences d'alimentation sont le plus souvent nombreuses, se trouvent réduites à un minimum. La méthode n'a qu'un inconvénient, c'est son application coûteuse. Mais le Danemark, ce petit pays qui a fait des efforts si surprenants pour assurer le progrès de son agriculture, ne craint pas de dépenser plus de 150,000 francs chaque année, depuis longtemps déjà, pour instituer des expériences sur l'alimentation des animaux domestiques les plus exploités dans la contrée : soit les vaches laitières et les porcs.

Voyons d'abord ce qui concerne les vaches laitières [2]. On a comparé pour ces animaux la valeur nutritive d'un aliment à la mélasse avec celle d'un mélange d'orge et d'avoine à poids à peu près égaux. Ce dernier mélange est très employé dans le pays comme aliment concentré, de concert avec les tourteaux oléagineux.

L'aliment mélassique était formé de 4/8 de mélasse, 3/8 de son et 1/8 de tourteau de palme. Autrement dit, il renfermait la moitié de son poids de mélasse.

Les vaches ont reçu des quantités variables de cet aliment mélassique à la place de poids égaux du mélange orge-avoine. La quantité maxima d'aliment mélassique donnée par tête et par jour n'a pas dépassé 2 kilogr. 200; ce qui correspond à une quantité maxima de mélasse plus petite de moitié, c'est-à-dire à 1 kilogr. 100.

Dans ces conditions, on a trouvé qu'il y avait une complète équivalence de valeur nutritive entre des poids égaux de l'aliment mélassique et du mélange orge-avoine.

En effet, après avoir substitué l'aliment mélassique au mélange orge-avoine, on a fait les constatations suivantes :

1° La quantité de lait fournie par les vaches est restée la même;

2° La teneur du lait en matière grasse n'a pas varié;

3° Le beurre résultant de la transformation du lait des vaches en expérience est toujours demeuré de bonne qualité, mais de qualité égale;

4° Enfin le poids des animaux en expérience n'a pas été influencé différemment par l'aliment mélassique et par le mélange orge-avoine.

[1] Voir *Comptes rendus du premier Congrès d'alimentation*, p. 26.
[2] *39e Beretning fra den Kgl. Labor. for landøk. Forsøg.* 1897, Copenhague.

D'ailleurs, la santé des animaux a été parfaite.

Dans des expériences antérieures faites en Danemark, on avait trouvé qu'un kilogramme de mélange orge-avoine, un kilogramme de son et un kilogramme de tourteau de palme étaient, à très peu près, équivalents au point de vue de la valeur nutritive.

Si l'on rapproche ce résultat de celui obtenu avec l'aliment mélassique, on peut en conclure qu'un kilogramme de la mélasse employée a produit également le même effet nutritif qu'un kilogramme des aliments ci-dessus désignés.

Voilà pour les vaches laitières; je passe aux essais qui concernent les porcs.

La très importante production de beurre du Danemark a pour résultat l'existence dans le pays d'une quantité énorme de sous-produits de laiterie : lait écrémé et petit lait de beurre. Un des grands problèmes d'économie rurale dans cette contrée consiste dans la mise en valeur de ces sous-produits. Avec le lait écrémé, on a d'abord fait beaucoup de fromage. Mais la denrée qu'on obtient ainsi ne constitue pas un produit d'exportation et, dans l'intérieur du pays, l'écoulement est très limité, en raison du petit nombre des habitants. D'ailleurs, ce fromage laisse encore un résidu qu'il convient d'utiliser, c'est le petit lait de fromage.

On a donc été conduit à transformer tous ces sous-produits, lait écrémé, petit lait de beurre, petit lait de fromage, en viande de porc. Les porcs danois trouvent leur plus grand débouché sur le marché de Londres, et, de fait, c'est en vue de l'écoulement sur le marché anglais qu'on élève et engraisse en Danemark un nombre fort élevé de porcs.

On n'a pas tardé, d'ailleurs, à remarquer que les résidus de laiterie employés pour l'alimentation des porcs à l'exclusion de tous les autres aliments ne constituaient pas pour ces animaux une bonne nourriture. Des porcs nourris uniquement et à satiété de résidus de laiterie les utilisent mal. Ils en tirent un parti bien supérieur quand, à ces résidus, se trouvent associés d'autres aliments concentrés et, en particulier, des grains et même certains tourteaux. L'orge, par exemple, le tourteau de palme, ont très bien réussi en Danemark.

Mais là se dresse un nouveau problème économique. Il convient, en effet, de rechercher des grains d'un prix peu élevé, pour que la viande de porc obtenue fasse prendre aux résidus de laiterie consommés une valeur aussi grande que possible, autrement dit pour qu'on obtienne un bénéfice aussi élevé que possible. Et l'on n'a pas tardé à reconnaître qu'il existe une graine de céréale, remplissant la condition demandée, c'est le maïs américain qui est importé sur une large échelle en Danemark pour l'alimentation des porcs.

Cependant le maïs associé aux résidus de laiterie n'a pas donné que d'excellents résultats. On a constaté en effet, en Danemark, que les porcs nourris de ces aliments fournissaient une viande qui, sur le marché de Londres, subit une dépréciation. Le lard manque de fermeté et la baisse de prix qui résulte de ce défaut peut compromettre le succès de la production de la viande de porc en réduisant très sensiblement les bénéfices.

Remarquons tout d'abord qu'il n'y a pas lieu de s'étonner de l'influence nuisible du maïs sur la fermeté du lard. Il est aujourd'hui démontré que les matières grasses des aliments peuvent se déposer en nature dans le corps des animaux qui les consomment.

La graine de maïs renferme précisément une matière grasse fluide, une huile, qui, en se fixant dans les tissus de l'organisme, peut abaisser le point de fusion de la graisse du porc et empêcher par là même le lard de présenter une fermeté suffisante [1].

Les Danois se sont donc mis à l'œuvre et ont cherché à découvrir des moyens permettant d'utiliser le maïs, tout en évitant l'inconvénient signalé. Lors du dernier Congrès, j'ai déjà donné quelques indications relatives à ce sujet, mais les expériences danoises n'avaient pas encore été publiées intégralement; elles ont paru dans ces derniers temps [2] et renferment quelques données nouvelles, qui ne sont pas dénuées d'intérêt.

Déjà Frijs et ses collaborateurs avaient trouvé un moyen d'éviter les inconvénients du maïs. Les porcs destinés au marché de Londres sont abattus quand ils ont atteint un poids net de 90 kilogrammes environ. Pour voir disparaître les inconvénients dus au maïs et pour obtenir de la viande de première qualité, il suffit, d'après les recherches des expérimentateurs cités à l'instant, de cesser l'alimentation au maïs quand les porcs ont atteint le poids vif de 60 kilogrammes et de substituer à ce maïs d'autres graines, de l'orge par exemple, pour conduire les animaux jusqu'au poids de 90 kilogrammes. C'est là un premier moyen. Il en existe d'autres.

Les mêmes chercheurs ont reconnu que le maïs associé à certains autres aliments concentrés et donné même jusqu'au moment de l'abatage ne présente plus les mêmes inconvénients qu'employé seul. Ainsi, en Danemark, on a éliminé d'une façon complète l'action nuisible du maïs en faisant consommer

[1] *42ᵉ Beretning fra den Kgl. Labor. for landøk. Forsøg.* 1899, Copenhague.
[2] Voir *Comptes rendus du 2ᵉ Congrès d'alimentation*, p. 24 et 25.

par les porcs, au lieu de maïs, un mélange composé de 2/3 de maïs et de 1/3 de tourteau de palme.

De plus, et c'est là un point particulièrement intéressant, puisqu'il concerne la mélasse, on a trouvé que des aliments mélassiques associés au maïs améliorent la qualité de la viande en rendant le lard plus ferme, quoique à un moindre degré que le tourteau de palme. On a particulièrement essayé le mélange, employé également pour les vaches, de 4/8 de mélasse, 3/8 de son et 1/8 de tourteau de palme.

Il est bon de faire remarquer ici que, en ce qui concerne le gain du poids vif, l'effet de l'aliment mélassique a été un peu inférieur à celui d'un poids égal de grains. La différence n'est cependant pas très grande, car si 1 kilogramme d'aliment mélassique s'est montré inférieur dans les expériences à 1 kilogramme de grains, ces mêmes expériences ont montré que 1 kilogr. 250 d'aliment mélassique avait déjà une valeur nutritive un peu supérieure à celle de 1 kilogramme de grains. En somme, nous arrivons à un résultat bien peu différent de celui trouvé pour les vaches laitières.

Enfin je ne veux pas terminer sans appeler l'attention sur un fait très curieux, inexplicable dans l'état actuel de nos connaissances, et que les expériences danoises ont mis en lumière. Ce fait est assez extraordinaire pour qu'il soit bon, une fois de plus, de rappeler qu'il a été constaté dans des expériences portant sur des centaines d'animaux, c'est-à-dire dans des expériences où, comme je le faisais remarquer en commençant, les chances possibles d'erreur sont réduites à un minimum.

Voici ce dont il s'agit. On a vu tout à l'heure que le maïs exerce sur la qualité de la viande de porc une action défavorable en diminuant la fermeté du lard. Or, il résulte des expériences danoises que la température à laquelle ont vécu les animaux nourris de maïs n'est pas sans influence sur l'action exercée par le maïs. Quand on compare, en effet, les expériences entre elles, on ne peut pas s'empêcher de reconnaître que le maïs exerce une action plus défavorable, diminue à un plus haut degré la fermeté du lard, pendant la saison d'hiver que pendant la saison d'été. Ce fait paraît d'autant plus certain qu'il a été observé non seulement avec le maïs, mais aussi avec un autre aliment qui augmente plus encore que le maïs la mollesse du lard; cet aliment est le tourteau de tournesol, qui a été essayé dans les expériences danoises sur l'alimentation des porcs.

Maïs et tourteau de tournesol sont plus nuisibles quand ils sont consommés pendant la saison froide.

Comme, d'ailleurs, la température à laquelle vivent les porcs ne dépend pas seulement de la saison, mais aussi de la température qui règne dans les habitations, dans les porcheries, Frijs et ses collaborateurs se demandent si cette influence de la température n'explique pas jusqu'à un certain point les opinions quelque peu contradictoires sur la valeur de l'alimentation au maïs. L'enquête à laquelle se sont livrés ces chercheurs leur a, en effet, montré que, dans certaines exploitations danoises, on se plaint beaucoup plus que dans les autres de l'action nuisible du maïs. Ne serait-ce pas parce que les porcheries sont plus froides ?

Ils croient dès maintenant pouvoir conclure qu'il n'est pas indifférent de faire vivre les porcs dans des habitations suffisamment chaudes, présentant une température comprise entre 16 et 20 degrés.

D'ailleurs, ils se proposent dans un avenir prochain de soumettre la question à une étude expérimentale. Ce qui est, sans aucun doute, le seul moyen de la tirer au clair.

Le fait très curieux observé en Danemark serait peut-être de nature à expliquer pourquoi, dans certaines régions moins froides que le Danemark, en particulier dans le midi de la France, on ne paraît pas redouter l'alimentation au maïs. Cependant il convient d'être prudent ; le problème est complexe et, dans le midi de la France, il ne s'agit pas, comme en Danemark, d'une alimentation composée exclusivement de résidus de laiterie et de maïs. Les deux cas ne se prêtent donc pas à une exacte comparaison.

Il était bon cependant de signaler cette influence de la température sur la qualité des porcs engraissés, pour montrer une fois de plus que des facteurs, tout d'abord inattendus, peuvent avoir, au point de vue de la réussite des opérations zootechniques, une action qui n'est pas négligeable. (*Très bien!*)

M. GOUIN. M. Mallèvre vient de nous dire que, dans les pays du Nord, la viande des porcs engraissés avec les maïs d'Amérique était peu appréciée par les consommateurs; il ne nous en fournit pas l'explication.

N'y aurait-il pas à incriminer la matière grasse, dont le maïs est assez abondamment pourvu et qui serait susceptible de s'altérer par l'effet du climat, du voyage et du temps?

Volontiers aussi j'admettrais que la graisse toute formée dans les aliments, qui se dépose dans les tissus du corps, doit avoir souvent une qualité comestible inférieure à celle de la graisse complètement élaborée par la machine animale, à l'aide de la matière azotée, de l'amidon ou des sucres fournis par la nourriture.

M. Mallèvre. Les remarques de M. Gouin ne fournissent qu'une explication partielle des observations faites en Danemark. Elles sont, en particulier, impuissantes à nous montrer pourquoi le maïs a exercé une influence plus nuisible sur la fermeté du lard pendant l'hiver que pendant la saison chaude.

M. Gadret. Messieurs, je me permettrai de faire une observation qui se rattache à la communication que vient de faire M. Mallèvre.

Dans l'Amérique du Sud, où le maïs est consommé sur une grande échelle, la viande de porc ne peut pas être transportée, et on ne peut pas la vendre pour l'exportation. A Buenos-Ayres, il est défendu de tuer des porcs pendant la saison chaude.

M. Sanson. Il est très difficile de résoudre les questions examinées en ce moment sans avoir des détails. Les résultats différents constatés peuvent s'expliquer par la façon dont le maïs est administré aux animaux, selon les aliments auxquels il est associé. Dans l'Ouest, on l'ajoute à ce qu'on appelle la *beurnée*, en termes patois, qui est un mélange de son, de pommes de terre, de déchets de cuisine, de graisses. La viande de porc craonnais qu'on obtient ainsi est de bonne qualité : c'est la viande de la Mayenne, de la Loire-Inférieure, de la Vendée, etc., qui est très recherchée par les charcutiers de Paris, qui la payent toujours o fr. 1o de plus que celle des autres cochons, par kilogramme de poids vif.

M. le Président. Mon compatriote, M. Sabatier, ancien chef des travaux pratiques à l'Institut national agronomique, actuellement propriétaire dans l'Aude, m'a fait parvenir la communication suivante, sur l'engraissement du porc au maïs, qu'il me semble intéressant de vous faire connaître après les observations qui viennent d'être échangées.

Durant quatre ou cinq mois, l'un des marchés couverts de Carcassonne est, chaque samedi, encombré de viande de porc.

Cette viande provient d'animaux dont grand nombre ont consommé, dans leur période d'engraissement, d'importantes quantités de maïs.

L'engraissement des porcs est très connu dans notre département, surtout dans les régions où l'on cultive cette céréale.

J'avais cru jusqu'à aujourd'hui que le maïs représentait pour le cochon une nourriture de premier ordre sous tous les rapports.

Telle n'est pas, paraît-il, l'opinion admise en Angleterre, où l'on considère comme de seconde qualité la viande des cochons engraissés avec le maïs; l'on reproche notamment à ces animaux de fournir des lards et des jambons qui manquent de fermeté et de bon goût.

Les marchés anglais sont, pour une large part, approvisionnés par les États-Unis pour la viande de porc salé. Eh bien, à Londres, on estime relativement peu les lards et les jambons d'origine américaine.

Vous n'ignorez pas qu'aux États-Unis, la culture du maïs occupe une étendue deux fois plus grande encore que celle du blé, et que, là-bas, le maïs constitue la principale nourriture des cochons.

Dans le Danemark, l'industrie beurrière a acquis un immense développement. A la fabrique de beurre se trouve annexée une porcherie, qui utilise le petit lait; mais ce petit lait ne suffisant pas, à lui seul, pour nourrir des cochons, les agriculteurs danois ont pris l'habitude d'acheter, à titre d'aliment complémentaire, du maïs américain.

Une partie des lards et des jambons préparés en Danemark prennent le chemin de l'Angleterre; ils n'y jouissent pas de plus de considération que les produits similaires importés d'Amérique.

Cette faible estime qu'ont les Anglais pour les porcs nourris avec du maïs m'a été révélée par la lecture du Compte rendu du deuxième *Congrès pour l'alimentation rationnelle du bétail*, qui s'est tenu à Paris les 13 et 15 mars 1898.

J'ai été très étonné de pareille manière de voir, qui n'est pas celle ayant cours chez nous.

En effet, l'un des savants de notre pays les plus autorisés pour tout ce qui concerne l'économie du bétail, M. Sanson, a écrit : « Que, dans la dernière période de l'engraissement des porcs, aucun aliment n'est comparable à la farine de maïs ou au maïs en grains pour agir sur la qualité du lard. »

Un praticien tout à fait bien placé pour connaître les qualités des viandes, M. Villain, vétérinaire chef du service de l'inspection des viandes de Paris, n'hésite pas à affirmer dans un de ses ouvrages : « Que le maïs est la base par excellence de l'engraissement du porc; que les meilleures salaisons de France sont celles qui viennent des départements où le maïs est cultivé. »

Je ne sais comment expliquer cette différence d'appréciation, suivant que l'on se trouve en deçà ou en delà de la Manche.

Il faut peut-être invoquer le vieux proverbe : « *De gustu non est disputandum.* »

En Allemagne, on admet généralement que le maïs donne un lard de qualité inférieure, trop mou.

A la viande de porc américaine, les gourmets, en Angleterre, préfèrent de beaucoup les lards et les jambons qui leur arrivent de Normandie.

Chacun sait que la race peut exercer une influence très sensible sur la qualité de la viande. Or, les races porcines que l'on rencontre en Normandie offrent toute aptitude pour l'obtention des jambons et des lards de marque supérieure. Mais il reste également vrai qu'à cette aptitude naturelle les engraisseurs normands ajoutent certaines précautions relatives à la nourriture.

4

Le professeur départemental d'agriculture de la Manche est venu dire, en propres termes, devant le *Congrès pour l'alimentation rationnelle du bétail* : « Les éleveurs du Cotentin tenant à la qualité de la viande de porc font peu usage de farine de maïs. »

Ils emploient communément la farine d'orge et de sarrasin. Le sarrasin passe pour donner aux animaux une viande de choix. C'est ce même grain qui entre, pour une fraction considérable, dans l'alimentation des volailles si renommées de la Bresse et du Maine.

Un agronome danois, M. Frijs, a mis à l'étude le sujet dont il s'agit, et il a trouvé un terme de conciliation permettant de conserver le maïs comme nourriture sans altérer la valeur de la viande.

M. Frijs a reconnu qu'il convient de bannir cet aliment pendant la dernière période de la vie de l'animal, et qu'il faut parfaire l'engraissement avec d'autres denrées.

Pour la race sur laquelle il a expérimenté (une petite race, sans doute), M. Frijs a donné comme règle pratique que l'on doit supprimer le maïs dès que les porcs ont atteint un poids d'une soixantaine de kilogrammes.

M. Frijs et les Anglais ont peut-être raison ; d'autres nourritures valent peut-être plus que le maïs pour communiquer à la viande une fermeté, une saveur et une finesse hors ligne. Mais je n'en persiste pas moins à déclarer très bonne la viande obtenue avec le maïs, sans, pour cela, affirmer, je le répète, que nulle autre viande ne puisse lui être supérieure.

La qualité de la viande provenant du maïs m'a été confirmée par bien des personnes de notre ville, que j'ai interrogées là-dessus : des ménagères, des charcutiers, des vétérinaires, etc.

Un de nos collègues, qui a nourri des cochons avec du blé, M. Barrié, de la Salutière, place le blé au-dessus du maïs.

Nous devons nous méfier par-dessus tout des porcs engraissés avec de la viande.

Les animaux qui ont mangé des déchets de cuisine ou de réfectoires de nos casernes et de nos maisons d'éducation fournissent une viande acceptable à la rigueur, car, dans ces déchets, se trouve beaucoup de pain ; mais des engraisseurs nullement scrupuleux osent nourrir des porcs avec de la viande de cheval ou avec des tripes ; dans ce cas, l'on obtient un produit tout à fait mauvais.

Pour donner le change aux acheteurs, ces engraisseurs font présenter leurs animaux sur les champs de foire par des montagnards, qui, moyennant un pourboire, que je ne saurais qualifier d'honnête, servent de fausse étiquette aux cochons qu'ils accompagnent.

M. Vacher. On vient de soulever une question sur le rapport qui existe entre la température et l'engraissement des animaux, qui est fort importante. Il résulte, en effet, de nombreuses expériences qu'avec une même ration déterminée, les animaux soumis à l'engraissement en stabulation engraissent beaucoup plus rapidement et présentent une qualité de viande meilleure avec une température basse qu'avec une température élevée.

Le fait est surtout évident pour les cochons que l'on pousse au jus gras, et dont le poids dépasse 200 kilogrammes.

Pour ces animaux, l'assimilation est beaucoup plus rapide, et leur viande est beaucoup plus ferme et marchande lorsque la température ambiante n'excède pas 10 degrés.

Le même phénomène se produit également pour les bœufs ; mais il semble moins sensible, parce que ces animaux progressent moins rapidement en poids, dans un temps déterminé, que les cochons. Nonobstant, les maniements qui diagnostiquent de la qualité de la viande seront toujours plus fermes par une température plutôt froide que par une température même modérée.

M. le Président. Je crois que la discussion est épuisée. L'heure s'avançant, nous réserverons, si vous le voulez bien, Messieurs, la suite des communications pour la séance qui aura lieu lundi prochain, à 2 heures. Nous commencerons par la communication de M. Gouin sur l'utilisation de la poudre d'os dans l'alimentation des veaux, qui est inscrite la première à l'ordre du jour.

La séance est levée à 5 heures.

4.

SÉANCE DU LUNDI 6 MARS 1899.

Présidence de M. Eugène Mir, sénateur.

La séance est ouverte à 2 heures, sous la présidence de M. Eugène Mir, sénateur de l'Aude.

Avaient pris place au bureau : MM. Tisserand, directeur honoraire de l'agriculture; Sanson, professeur honoraire à l'Institut agronomique et à l'école de Grignon; Chauveau, membre de l'Institut; Marcel Vacher, membre de la Société nationale d'agriculture; Jules Le Conte, conseiller référendaire à la Cour des comptes; Lavalard, membre de la Société nationale d'agriculture; Saint-Yves-Ménard, membre de la Société nationale d'agriculture; Ch. Girard, Mallèvre, professeurs à l'Institut agronomique; Dechambre, professeur à l'École nationale de Grignon; Baudoin, secrétaire général adjoint; Gallo, trésorier.

M. le Président. Avant d'aborder l'ordre du jour, je voudrais porter à votre connaissance que, demain, à 2 heures et demie, M. Cagny, membre de la société, vétérinaire à Senlis, fera une conférence sur la mensuration des animaux par la méthode du docteur Lydtin. Il procédera ensuite, dans l'enceinte du Concours agricole, à la mensuration de quelques animaux primés et d'animaux non primés.

La parole est à M. Gouin pour sa communication sur l'emploi de la poudre d'os dans l'alimentation des veaux.

M. Gouin. Avant d'aborder la question qui est à l'ordre du jour, je voudrais encore dire deux mots d'un sujet sur lequel on ne cesse de m'interroger de toutes parts : l'élevage des veaux au lait écrémé additionné de fécule de pomme de terre.

Inutile, je crois, de faire ressortir encore une fois l'avantage qui résulte de la substitution de 50 grammes de fécule, moyennant une dépense de *deux centimes* au plus, à la matière grasse d'un litre de lait qui, convertie en beurre, vaut bien *dix centimes*. Inutile aussi de rappeler que les tout jeunes animaux profitent également bien, qu'ils soient nourris de lait pur ou de lait écrémé avec fécule.

Actuellement, les éleveurs doivent être fixés. Parmi ceux d'entre eux, et ils sont déjà nombreux, qui ont mis la méthode en pratique, il en est dont le nom fait autorité (M. Florimond Desprez, par exemple) et qui se constituent, à leur tour, les apôtres convaincus de ce nouveau mode d'élevage. Voilà qu'il arrive a être connu et pratiqué avec succès non seulement en France, mais à l'étranger et jusqu'en Russie.

La culture y trouvera également son profit. Ce sera un nouveau débouché, et non sans importance, pour une des productions de notre sol ; ce sera un surcroît de travail assuré pour une de nos industries nationales, la féculerie.

Les procédés que j'indiquais précédemment pour la cuisson de la fécule ont été encore simplifiés.

Cette cuisson peut n'avoir lieu qu'une fois par jour. On commence par mettre dans un chaudron une quantité de lait suffisante pour convertir à l'état d'empois la fécule nécessaire à la journée entière, et on abandonne ce lait sur le feu jusqu'à ce qu'il arrive à ébullition. On y verse alors la fécule ; l'ébullition cesse ; il faut brasser sans interruption jusqu'à l'apparition d'un nouveau bouillon, et la cuisson est achevée ; c'est l'affaire de deux ou trois minutes.

Le tiers de ce mélange, ajouté au lait écrémé destiné au premier repas, en élève suffisamment la température pour qu'il puisse être absorbé ainsi. Le reste, qui, en refroidissant, devient comme de la colle, est partagé pour les deux autres repas de la journée ; on l'ajoute au lait écrémé encore froid et on l'y délaie le mieux possible, pendant qu'on fait tiédir ce lait, avant de le présenter aux jeunes veaux.

Un Membre du Congrès. Vous avez dit qu'il fallait mettre 5o grammes de fécule par litre de lait écrémé ?

M. Gouin. 5o grammes lorsque le lait est écrémé complètement au centrifuge, mais, en cas d'un écrémage par les anciens procédés, qui laissent pas mal de crème dans le lait, 4o grammes de fécule pourraient suffire. Essayez, vous serez émerveillé des résultats.

M. le Président. M. Sanson a la parole.

M. Sanson. M. Florimond Desprez, auquel vous venez de faire allusion, m'a parlé des résultats qu'il avait obtenus en employant la fécule pour l'alimentation des veaux. Il m'a dit que les résultats étaient bons, mais qu'il y avait un seul inconvénient, c'est que les rognons, comme on dit, ou autrement les reins, ne se couvrent pas de graisse. En est-il de même chez vous ?

M. Gouin. J'envoie, chaque année, plus d'une vingtaine de veaux à la boucherie; c'est toujours le même boucher de campagne qui me les prend et généralement pour aller les revendre à ses confrères de Nantes. Il me les paye aussi cher qu'il paye, dans la contrée, les veaux allaités par la mère.

Si mon acheteur avait reçu la moindre observation de ceux qui débitent ces animaux, s'il s'offrait un prétexte quelconque pour lui permettre d'en déprécier la valeur, vous pouvez être bien certains qu'il n'eût pas manqué de l'exploiter contre moi.

On ne reproche qu'une chose à mes veaux : leur âge un peu avancé. A Nantes, on tue les veaux à cinq semaines, alors que leur poids moyen est de 65 kilogrammes; l'élevage, tel que je le pratique, est si peu coûteux, que j'ai tout avantage à garder les miens jusqu'à ce qu'ils approchent du poids de 100 kilogrammes; j'irais certainement plus loin si je n'avais pas à tenir compte des habitudes locales.

M. le Président. M. Sanson a fait cette observation, que la fécule ne garnit pas les rognons et ne donne pas autant de graisse que le consommateur en exige généralement.

. M. Sanson, *s'adressant à M. Gouin.* J'appelle votre attention sur ce point, il mérite un examen.

M. Gouin. D'après ses communications à la presse, M. Desprez n'aurait employé que 37 grammes de fécule par litre de lait écrémé; ce serait une proportion bien faible pour du lait passé au centrifuge. Ce lait resterait encore un peu appauvri; il ne devrait pas produire des résultats comparables à ceux qu'on obtient du lait complet.

J'ignore la race des vaches qui peuplent l'étable de la station de Cappelle. La composition du lait est très variable. Chez moi, où, moyennant l'addition de 50 grammes de fécule, les animaux profitent à souhait, le lait contient encore une moyenne de 9 p. 100 de matière sèche au sortir de l'écrémeuse Melotte.

Avec un lait moins riche, il faudrait probablement augmenter la proportion de fécule. Je serais même tenté de l'exagérer, à la fin de l'engraissement, si j'avais à préparer des veaux pour la boucherie de Paris, qui les réclame beaucoup plus gras que ne les désire la province.

M. LE PRÉSIDENT. Nous allons passer à la communication, à l'ordre du jour, qu'a à présenter M. Gouin, sur la poudre d'os dans l'alimentation des jeunes bovidés.

La parole est à M. Gouin.

M. Gouin fait alors un exposé des dernières expériences auxquelles il s'est livré, avec le concours de M. Andouard, directeur de la station agronomique de la Loire-Inférieure, pour étudier l'action exercée par la poudre d'os sur la nutrition des jeunes bovidés. Le rapport qui suit en contient la relation détaillée.

LA POUDRE D'OS

DANS L'ALIMENTATION DES JEUNES BOVIDÉS,

PAR ANDRÉ GOUIN ET A. ANDOUARD.

Nous avons, l'an dernier, fait connaître une série d'observations relevées par nous en 1897 sur l'alimentation des jeunes ruminants et dans lesquelles nous avons mis en évidence l'accélération notable imprimée à leur croissance par le phosphate de chaux.

Le fait n'était pas nouveau, mais il avait été établi au moyen du phosphate tribasique seulement, tandis que nous avons expérimenté l'acide phosphorique sous diverses formes minérales et organiques (phosphates bicalcique et tricalcique, glycérophosphate de chaux, poudre d'os, etc.).

De ces essais, nous en avons cité quatre, plus concluants que les autres.

L'un d'eux se rapportait à une génisse, dont l'augmentation de poids avait passé, en moyenne, de 900 à 1,070 grammes par jour, sous l'influence du phosphate bicalcique.

Dans les trois autres expériences, effectuées sur la même génisse et sur une seconde du même âge, la poudre d'os verts avait servi de source d'acide phosphorique. Son effet avait été remarquable.

L'accroissement quotidien, qui était de 900, 800 et 700 grammes, avant l'addition des os, s'est élevé respectivement à 1,350, 1,100 et 1,020 grammes, pendant leur emploi à doses faibles et sans que, par ailleurs, rien ne fût changé à la nourriture des animaux.

Quelque démonstratifs que fussent ces résultats, nous n'avons pas voulu en déduire des conclusions immédiates. Nous nous sommes bornés à les signaler, dans l'espoir qu'ils susciteraient des recherches analogues et dans la pensée de les contrôler nous-mêmes.

Nous sommes en mesure aujourd'hui de décrire deux expériences nouvelles, dont la dernière s'est accomplie dans des conditions de précision telles, qu'il ne nous est plus possible de douter de l'efficacité particulière de la poudre d'os comme adjuvant de l'alimentation des jeunes animaux.

La poudre d'os affectée à nos derniers essais est celle qui est livrée par le commerce des engrais sous la dénomination de *poudre d'os verts*. Elle est préparée sans l'intervention d'aucun agent chimique, avec des os séchés à l'air libre, que l'on broie ensuite en poudre assez grossière. Elle coûte moins de 15 francs les 100 kilogrammes.

Nous avons repris nos expériences au milieu du mois d'avril 1898, avec une bonne génisse normande âgée de 149 jours et pesant 187 kilogrammes. Elle recevait comme aliment au début :

Lait écrémé....................................	8 litres.
Tourteau de coton décortiqué....................	1 kilogramme.
Trèfle incarnat hâtif...........................	à discrétion.

L'animal a été tenu en observation pendant plus de deux mois; mais notre étude a été contrariée par les intempéries d'un printemps exceptionnellement mauvais. L'humidité extrême qui imprégnait le sol, et les pluies continuelles qui mouillaient le trèfle, avaient modifié défavorablement son pouvoir nutritif, en abaissant beaucoup la proportion de ses éléments solides.

Aussi, quel que fût son appétit, la génisse ne pouvait-elle parvenir à consommer une quantité de trèfle suffisante pour se nourrir convenablement. Son augmentation de poids, qui jusque-là s'était maintenue à 1 kilogramme par jour, tomba promptement à 375 grammes. Un semblable état de choses ne devait pas se continuer.

Nous avons modifié la ration de l'animal en y exagérant la proportion des aliments secs : le tourteau fut donné à discrétion comme le trèfle. Mais, c'est un fait bien connu, que, tant que dure le régime au fourrage vert, les animaux se montrent peu friands des aliments concentrés. Dans le cas actuel, la consommation du tourteau de coton ne s'est jamais élevée à plus de 1,900 grammes par 24 heures. Ce fut toutefois assez pour ramener à la normale la progression du poids de la génisse.

Ce résultat une fois atteint, nous avons cru nécessaire de laisser l'animal se remettre, pendant une période de 8 jours, des privations que lui avait infligées une nourriture trop peu substantielle. A l'expiration de ce délai, nous avons organisé un premier essai de poudre d'os, en adoptant pour fourrage vert du trèfle incarnat tardif très peu développé.

La valeur nutritive des légumineuses diminuant sans cesse à mesure de leur évolution, nous avons tenu à commencer l'observation par la période témoin. Dans ces conditions, si la période expérimentale donnait des résultats supérieurs à ceux de la première, l'action de la poudre d'os en devenait plus manifeste.

La période témoin a été prolongée treize jours, pendant lesquels la génisse a reçu, en moyenne, chaque jour :

Lait écrémé..	8 litres.
Tourteau de coton décortiqué.........................	1 kil. 520.
Trèfle incarnat tardif................................	15 kil. 940.

A ce moment, nous avons ajouté à la nourriture journalière 100 grammes de poudre d'os. La durée de cet essai a dû être limitée à huit jours. Le trèfle se lignifiait avec une telle rapidité, qu'il devenait immangeable; il était rebuté par presque tout le reste de l'étable.

Pendant ces huit jours, la génisse a absorbé une moyenne de :

Lait écrémé..	8 litres.
Tourteau de coton décortiqué.........................	1,596 grammes.
Trèfle incarnat tardif...............................	19,175 —
Poudre d'os verts.....................................	100 —

Le tout étant supposé à l'état sec et calculé proportionnellement à 100 kilogrammes du poids de l'animal, les résultats ont été les suivants dans les deux périodes dont il vient d'être question :

ALIMENTS.	PÉRIODE.	
	TÉMOIN.	EXPÉRIENCE.
	Grammes.	Grammes.
Lait écrémé	365	337
Tourteau de coton décortiqué	664	646
Trèfle incarnat tardif	746	896
Poudre d'os verts		44
Matière sèche absorbée	1,775	1,923
Matière sèche évacuée (fèces)	445	424
Matière sèche digérée	1,330	1,499
Proportion de la matière digérée	74.93 p. 100	77.95 p. 100
Augmentation de poids journalière	1,115 gr.	1,375 gr.

L'administration de la poudre d'os a été continuée pendant douze jours encore, en substituant au trèfle un mélange de fèves, de vesce et d'avoine, à l'état vert. A ce régime, l'accroissement quotidien du poids de la génisse atteignit 1,333 grammes.

L'augmentation de 1,375 grammes d'abord et de 1,333 grammes ensuite est d'autant plus significative que, d'une part, la nourriture contenait quatre ou cinq fois plus d'acide phosphorique qu'il ne pouvait en être fixé par l'organisme, et, d'autre part, qu'elle n'avait été aussi élevée à aucune époque de l'existence de la génisse.

Nous avons dû mettre fin à cette expérience plus tôt que nous ne l'aurions désiré. L'été était venu, brûlant tous les fourrages à leur sortie de terre. L'éleveur était réduit à chercher les moyens de diminuer la souffrance des animaux, toute autre tentative était à ce moment irréalisable.

Pour nous remettre à l'œuvre, il nous a fallu attendre la mi-septembre. A cette époque, les betteraves avaient acquis un volume suffisant pour fournir un bon appoint au rationnement du nouvel animal que nous nous proposions de mettre en observation.

Le sujet choisi cette fois était un excellent veau, né d'une forte vache parthenaise et d'un taureau normand. Il avait 139 jours et un poids de 189 kilogrammes.

Sa croissance s'était opérée avec une très grande régularité. Nous en avions noté les progrès quotidiens dès le premier jour, ainsi du reste que nous l'avions fait pour tous les animaux objets de nos précédentes études. Nous croyons que cette connaissance préalable est le prélude nécessaire de toute expérience. Lorsqu'on n'a pas observé son sujet depuis longtemps, on ne sait jamais si la période préparatoire est normale, et par suite, si elle peut servir de terme de comparaison.

Nous persistons aussi à penser qu'un animal doit être son propre témoin. Il nous paraît presque impossible de rencontrer deux sujets assez semblables pour que l'un soit susceptible d'être le témoin de l'autre. Pour qu'il en fût ainsi, tous deux devraient être de même race et de même âge, présenter le même développement, le même appétit, le même fonctionnement de l'appareil digestif, la même aptitude à l'engraissement, etc. Quelle longue et minutieuse étude ne faudrait-il pas pour vérifier la similitude de deux animaux sur tous ces points, à supposer qu'elle fût trouvable ! Le problème nous paraît insoluble.

Le veau sujet de notre dernière étude a été soumis, vingt-quatre jours durant, à l'action de la poudre d'os verts. La période témoin, pendant laquelle il n'a pas été absorbé de poudre phosphatée, a été de vingt-quatre jours également, dont douze avant et douze après la phase expérimentale. De plus, entre la fin de l'expérience et le retour à l'observation de l'alimentation ordinaire, nous avons laissé un intervalle de trois jours, destiné à effacer l'action de la poudre d'os.

Une semaine avant de rien commencer, l'animal avait été mis à l'attache dans le boxe où il devait séjourner sans litière, sur une aire de ciment. Notre but était de l'habituer d'avance à son nouveau genre de vie, auquel, du reste, il s'est prêté sans difficulté dès le premier jour. En outre, il était doué d'un instinct de propreté peu commun, qui a notablement facilité nos opérations. Non seulement il ne s'est jamais couché sur ses déjections, mais encore il évitait soigneusement d'y poser le pied. Après soixante jours de captivité, il est sorti du boxe la robe aussi nette qu'à l'instant où il y est entré.

Nous avions combiné la nature de ses aliments de manière à obtenir des fèces consistantes Elles sont, en effet, restées toujours fermes, et c'est à peine si l'urine en entraînait 2 à 4 p. 100 de son propre poids. Elles étaient enlevées à cinq ou six reprises dans la journée et pesées chaque matin. On prélevait avec soin, sur l'ensemble, un échantillon qui subissait aussitôt une dessiccation incomplète et qui servait ensuite à l'analyse.

L'urine était recueillie jusqu'à la dernière goutte, au moyen d'un ensemble de rainures pratiquées dans l'épaisseur du ciment et convergeant vers un récipient placé à l'extrémité de l'aire. Matin et soir, le récipient était vidé et l'urine immédiatement acidifiée avec un léger excès d'acide citrique. Nous en prélevions chaque fois deux échantillons, dont l'un était filtré de suite au papier, pour en éliminer les fèces mécaniquement entraînées. L'urine était, par conséquent, l'objet de quatre analyses par jour.

À part la poudre d'os, qui a été donnée à la dose de 100 à 110 grammes, chacun des vingt-quatre jours de la période d'expérience, l'alimentation est restée uniforme pendant toute la durée de l'observation. Elle consistait en lait écrémé, avoine (grain), foin et betterave. Nous aurions voulu maintenir des proportions constantes entre ces divers éléments, mais la chose était malaisée. Le veau se jetait avec avidité sur le lait et sur les betteraves; il acceptait encore assez volontiers l'avoine, mais il ne consommait de foin que la quantité strictement exigée par son appétit, qui variait journellement. Les moyens de coercition, tels que la privation des aliments préférés, nous étaient interdits; ils eussent amené un trouble qui eût faussé les résultats.

Toutefois, si nous n'avons pu réaliser d'une façon régulière cette uniformité à laquelle nous devions viser, nous sommes parvenus à l'obtenir aussi égale que possible pour l'ensemble des deux parties de l'expérience.

Dès le lever du jour, le veau était conduit sur la bascule, puis il recevait, comme premier repas, sa ration d'avoine.

À 8 heures, le lait était administré, à sa sortie de l'appareil centrifuge.

Le foin et les betteraves étaient donnés simultanément à trois reprises : à 9 heures, à 1 heure et à la tombée de la nuit. Pour éviter toute perte, on divisait le foin au hache-paille et les betteraves au coupe-racines. On les présentait à l'animal dans un baquet déposé dans l'auge, pour plus de sûreté. Ces précautions étaient peut-être inutiles. Nous n'avons jamais eu la peine de recueillir sous les pieds du veau les débris de sa nourriture; il n'en faisait pas tomber, même dans les moments où les mouches, en l'importunant, l'obligeaient à de brusques mouvements de tête. C'etait un animal précieux, grâce auquel nous avons obtenu, plus facilement qu'avec les précédents, la précision que nous voulions donner à nos recherches.

Les betteraves qu'il a mangées appartenaient à la variété *Ovoïde des Barres*.

Elles provenaient d'un terrain habituellement sec, sur lequel il n'était pas tombé une goutte d'eau depuis trois mois, lorsque a commencé la récolte. Elles étaient alors fort peu développées, mais très nourrissantes. Leur teneur moyenne en principes solides s'élevait à 15.80 p. 100, soit 1 kilogramme de matière sèche pour 6 kilogr. 329 d'eau seulement.

A la suite des pluies survenues vers le milieu du mois d'octobre, leur volume devint presque double en quelques jours. Malheureusement, ce phénomène physiologique ne représentait guère qu'une irruption d'eau dans les tissus. La quantité d'eau correspondant à 1 kilogramme de matière sèche était montée à 8 kilogr. 621 dans les racines de grosseur moyenne, que nous prenions exclusivement pour les besoins de notre expérience. Elle était bien plus forte encore dans les racines d'un volume plus considérable.

Notre animal n'avait jamais demandé à boire dans les premières semaines de sa mise en observation; l'eau qu'il trouvait dans sa nourriture suffisait à ses besoins. Les conditions de son alimentation se trouvèrent donc un peu modifiées lorsque les betteraves devinrent beaucoup plus chargées d'eau. Mais, d'un côté, cette modification n'était pas très importante; de l'autre, elle est survenue au milieu de la période expérimentale, qui s'en est trouvée affectée dans la même mesure que la dernière partie de la période témoin. La comparaison des deux périodes est restée exacte.

Par suite du changement incessant de leur composition, les betteraves ont été analysées tous les jours. La matière sèche y a varié de 8.42 à 19.05 p. 100. L'acide phosphorique, rapporté à la matière sèche, s'est tenu entre 0.274 et 0.562 p. 100; une fois seulement il s'est élevé à 0.75 p. 100, surcharge peu sensible, du reste, les betteraves fournissant l'apport le plus faible, en tant qu'acide phosphorique, dans la ration journalière.

Le foin a été l'objet de trois analyses seulement, mais elles s'appliquaient à l'ensemble d'échantillons prélevés pendant vingt-trois jours. Il contenait, à l'état sec, 0.466 à 0.602 p. 100 d'acide phosphorique.

L'avoine utilisée était la variété noire de Coulommiers, récoltée dans un seul champ et très maigre. En raison du contingent élevé d'acide phosphorique qu'elle était appelée à fournir, nous l'avions débarrassée des poussières, des graviers et des graines étrangères qui s'y trouvaient mêlées, en la passant soigneusement au trieur Marot. Sa richesse était très grande, comparée à celle de nos avoines d'hiver.

Deux analyses nous ont donné : 0.986 et 1.027 p. 100 d'acide phospho-rique, calculé sur le grain supposé sec.

Quant au lait, il a été analysé dix fois. La matière sèche a oscillé entre 8.16 et 10.11 p. 100; l'acide phosphorique, entre 2.377 et 2.709 p. 100, sauf une fois où il est descendu à 2.186 p. 100. La poudre d'os titrait 20.48 p. 100 d'acide phosphorique; il importait, par conséquent, de n'en pas perdre la moindre parcelle. Nous y sommes parvenus en l'enveloppant dans du papier sans colle. Le veau la prenait en deux fois par jour. Nous introduisions le paquet jusque dans son arrière-bouche, et nous ne lui rendions la liberté de ses mouvements qu'après nous être assurés que la poudre était parvenue dans l'estomac.

Pendant les huit semaines qu'a duré l'expérience, tout s'est passé sans incident, sauf pendant deux jours au début de la deuxième période expérience. Le veau a éprouvé alors un malaise léger, qui s'est traduit par une diminution d'appétit et par une soif inusitée, indices probables d'un état fébrile ou peut-être d'une mauvaise digestion, car les fèces étaient plus molles que d'ordinaire. Ce trouble fonctionnel passager ne saurait être imputé à la poudre d'os, car nous avons continué l'usage de ce produit et l'animal s'est remis tout de suite sans l'intervention d'aucun remède.

Nous résumons exactement nos observations dans les tableaux qui suivent, de manière à permettre d'en saisir facilement les résultats. Nous n'y faisons pas figurer les deux journées anormales où le veau, mangeant moins, n'a gagné qu'un kilogramme en poids.

L'acide phosphorique a toujours été dosé à l'état de phosphate ammoniaco-magnésien.

Nous aurions voulu y joindre le dosage de l'azote dans les aliments et dans les déjections. Nous avons dû y renoncer devant les difficultés d'exécution de cette partie de notre programme.

Nourriture et fèces ont été calculées à l'état sec, et, pour rendre la comparaison plus parlante, nous avons ramené les nombres du premier tableau à ceux qui correspondent à 100 kilogrammes du poids de l'animal :

Poids moyen de l'animal...............	188^k	205^k4	233^k6	241^k4
NOURRITURES ET DÉJECTIONS SOLIDES.	TÉMOIN 1ʳᵉ PARTIE 12 jours.	EXPÉRIENCE.		TÉMOIN 2ᵉ PARTIE 12 jours.
		1ʳᵉ PARTIE 12 jours.	2ᵉ PARTIE 10 jours.	
Lait écrémé............	0^k322	0^k307	0^k311	0^k283
Avoine (grain)............	0 694	0 736	0 713	0 753
Foin............	0 679	0 731	0 646	0 707
Betteraves............	0 645	0 664	0 606	0 610
Poudre d'os verts............	....	0 049	0 048	....
Consommation totale............	2^k340	2^k477	2^k324	2^k353
Fèces à déduire............	0 684	0 760	0 729	0 720
Matières sèches digérées............	1^k656	1^k717	1^k595	1^k633
Proportion de la matière digérée p. 100.........	70,77	69,32	68,63	69,40
Accroissement journalier............	1^k292	1^k667	1^k500	0^k958

Voici maintenant le bilan de l'acide phosphorique, à l'entrée et à la sortie, indiqué non plus proportionnellement à 100 kilogrammes, mais par rapport au poids total du veau :

	TÉMOIN 1ʳᵉ PARTIE 12 jours.	EXPÉRIENCE.		TÉMOIN 2ᵉ PARTIE 12 jours.
		1ʳᵉ PARTIE 12 jours.	2ᵉ PARTIE 12 jours.	
Lait écrémé............	14^g44	16^g39	17^g29	18^g18
Avoine (grain)............	13 15	15 22	16 06	18 31
Foin............	6 48	8 61	7 12	7 95
Betteraves............	5 30	5 65	4 45	4 84
Poudre d'os verts............	....	20 48	22 12	....
Acide phosphorique total............	39^g37	66^g35	67^g04	49^g28
Acide phosphorique fèces............	20 63	36 46	38 21	28 37
Différence............	18^g74	29^g89	28^g83	20^g91
Acide phosphorique de l'urine............	2 76	5 23	6 08	4 20
Acide phosphorique fixé............	15^g98	24^g66	22^g75	16^g71
Acide phosphorique par kilogramme gagné.......	12^g37	14^g79	15^g17	17^g44

Si l'on envisage l'expérience, non plus en la fractionnant, mais dans son ensemble, en faisant même entrer en ligne de compte les deux journées précédemment retranchées de la période pendant laquelle l'animal était soumis à l'action de la poudre d'os, les résultats avantageux de cette dernière période ressortent avec plus d'évidence encore :

	PÉRIODE	
	SANS OS.	AVEC OS.
Durée de l'expérience	24 jours.	24 jours.
Âge moyen de l'animal	163 —	163 —
Poids moyen de l'animal	213^k800	214^k200
Nourriture journalière à l'état sec :		
Lait écrémé	0^k645	0^k658
Avoine (grain)	1 562	1 555
Foin	1 492	1 451
Betteraves	1 343	1 356
Poudre d'os verts	....	0 104
Poids total des aliments	5^k042	5^k124
Fèces (état sec)	1 512	1 588
Aliments digérés	3^k530	3^k536
Acide phosphorique total des aliments	$1,063^g82$	$1,601^g04$
Acide phosphorique des fèces	587 99	894 68
Différence	475^g83	706^g36
Acide phosphorique total de l'urine	83^g53	139^g51
Acide phosphorique fixé	392^g30	566^g85
Accroissement de poids de l'animal	27^k	36^k
Acide phosphorique fixé par kilogramme gagné	14^g53	15^g74

Nous avons dit plus haut qu'il nous semblait utile de maintenir dans des limites assez étroites l'eau consommée chaque jour par les animaux mis en expérience. Nous avons réalisé ce desideratum d'une manière presque absolue, ce qui a entraîné une régularité également très grande dans les quantités d'eau évacuées par les déjections. Le relevé suivant témoigne de cette régularité :

		PÉRIODES.	
		TÉMOIN.	EXPÉRIENCE.
	dans les aliments	17 kil. 529	17 kil. 233
Eau contenue	dans l'urine	4 192	3 844
	dans les fèces	7 115	7 309

Discutons maintenant la valeur de l'augmentation de poids constatée plus haut, en nous aidant des antécédents de l'animal.

Depuis le jour de sa naissance jusqu'à celui où l'expérience a commencé, l'accroissement de poids du veau, calculé par période de vingt-quatre jours, s'est maintenu dans des limites comprises entre 23 1/2 et 29 kilogrammes, soit, en moyenne, 26 1/4 kilogrammes. La période témoin nous ayant donné une augmentation de 27 kilogrammes méritait assurément de servir de terme de comparaison. Ce premier point est indiscutable.

Quand, ensuite, nous administrons la poudre d'os et que nous voyons la progression du poids moyen dépasser de 9 kilogrammes celle de la période témoin et de 7 kilogrammes celle des phases antérieures où le développement du veau s'est montré le plus considérable, il nous est impossible de ne pas attribuer ce résultat au phosphate de la poudre d'os.

Nous ne nous dissimulons pas les critiques dont est susceptible l'emploi de la bascule dans les expériences. Mais nous l'avons consultée assez souvent pour affirmer qu'elle ne peut induire en erreur lorsque, et c'est ici le cas, la nourriture de l'animal en voie de croissance reste uniforme, distribuée dans les mêmes proportions, aux mêmes heures, et que l'appareil digestif fonctionne régulièrement. Il ne s'est pas produit un seul écart notable dans la progression du poids constaté; chaque jour apportait une augmentation nouvelle et très uniforme. Cette augmentation s'est accentuée dès le moment où nous avons administré la poudre d'os pour s'affaiblir aussitôt que nous en avons cessé l'usage.

Nous sommes donc certains de ne pas faire erreur en attribuant à cette poudre les 174 gr. 55 d'acide phosphorique retenus par l'animal dans la période expérience. Nous ferons remarquer, de plus, que cette quantité est presque rigoureusement celle qui correspond à l'excédent de poids acquis par le veau dans le même temps.

Il en résulte une fraction moyenne de 15 gr. 22 d'acide phosphorique fixé par kilogramme de poids gagné. Lawes et Gilbert ont trouvé dans les mêmes conditions 15 gr. 35 d'acide phosphorique dans des veaux gras dont ils ont fait l'analyse complète. Le nôtre méritait aussi parfaitement la qualification de veau gras.

L'urine nous fournit, au besoin, une preuve nouvelle de l'action de la poudre d'os. Sous son influence, en effet, la circulation de l'acide phosphorique est devenue beaucoup plus active, car, malgré une fixation importante dans l'organisme, le rein en a soustrait 139 gr. 51 au sang, en vingt-quatre jours.

alors qu'il ne lui enlevait, dans le même laps de temps, que 83 gr. 53 au moment où l'animal ne consommait pas de poudre d'os.

L'efficacité de la poudre d'os dans le développement des jeunes bovidés nous paraît donc hors de doute. Nous ajouterons que son emploi est très peu onéreux et, par suite, très pratique. Dans notre dernière expérience, en effet, les 9 kilogrammes d'excédent de poids du veau ont été obtenus sans supplément de nourriture, par le seul fait de l'ingestion de 2 kilogr. 500 de poudre d'os verts, coûtant 0 fr. 35. Chaque kilogramme ainsi produit revient donc à moins de 4 centimes, prix assurément fort avantageux.

Hâtons-nous d'ajouter que si la poudre d'os provoque aussi énergiquement l'assimilation d'une nourriture abondante et riche, elle serait impuissante à suppléer à l'insuffisance d'une alimentation pauvre et parcimonieusement donnée. Nous l'avons démontré l'an dernier quand il nous a fallu réduire notre génisse en expérience à une maigre ration de fourrage défectueux.

En même temps qu'elle hâte la croissance des jeunes ruminants, il nous paraît bien probable que la poudre d'os verts favorise aussi la formation de leur tissu adipeux, et c'est encore un avantage. Il est bon que les animaux soient pourvus d'une réserve graisseuse importante pour passer, sans trop en souffrir, leur premier hiver à l'étable. Là, leur nourriture ne diffère pas, en général, de celle des animaux plus âgés; et cependant leurs besoins sont plus grands. On y fait ordinairement prédominer les betteraves, les pommes de terre, la paille, sans songer que ces aliments ne contiennent ni assez de chaux, ni assez d'acide phosphorique pour la formation normale des tissus. L'adjonction de la poudre d'os faciliterait l'assimilation de ces aliments et ralentirait la perte de l'embonpoint acquis jusqu'à l'automne.

En formulant les conclusions qui précèdent, nous n'avons pas la prétention de considérer le sujet comme épuisé. La différence qui semble bien démontrée entre l'action du phosphate de chaux à l'état minéral et celle de la poudre d'os, nous porte à penser que c'est à sa nature organique que ce dernier produit doit son efficacité particulière. On admet aujourd'hui que, dans les os, le phosphate tricalcique n'est pas libre, mais qu'il est uni plus ou moins fortement à l'osséine. Des combinaisons analogues, avec des principes organiques divers, existent dans tous les aliments utilisés par l'homme et les animaux. C'est vraisemblablement quand il est sous une forme organique, et uniquement sous cette forme, que l'acide phosphorique pénètre dans le torrent circulatoire, pour se fixer ensuite dans les tissus. Il doit en être de même pour la poudre d'os, qui est, nous venons de le voir, manifestement assimilée avec une rapidité très grande.

Toutefois, est-ce la substance phosphorée elle-même de cette poudre qui passe dans le sang, ou bien son rôle est-il seulement, comme beaucoup le croient, de faciliter la digestibilité des aliments? Nous inclinons vers la première interprétation, sans être en mesure de la démontrer.

Si la poudre d'os n'est qu'un excitant de la digestion, son effet ne s'émousse-t-il pas au bout d'un certain temps? D'autre part, dans quelles limites contribue-t-elle à l'accroissement des divers tissus qui constituent l'animal? Agit-elle aussi bien sur les adultes que dans le premier âge? Autant de questions auxquelles on ne peut répondre actuellement.

Nous nous bornerons donc à dire, pour conclure, que la poudre d'os nous semble appelée à jouer un rôle important dans l'alimentation des jeunes bovidés et, probablement, dans celle de tous les animaux supérieurs. Nous souhaitons que nos recherches soient contrôlées et complétées le plus tôt possible, cette étude intéressant l'élevage à un très haut degré.

Maintenant, je dépose sur le bureau des tableaux dont il serait fastidieux de vous donner lecture, mais qui pourront être insérés dans le compte rendu et que vous consulterez avec intérêt.

Ces tableaux indiquent :

1° Le résultat général, contenant l'âge, le poids, la consommation en matière sèche et en acide phosphorique, le poids de l'urine et des fèces;

2° L'ensemble de la nourriture journalière;

3° L'ensemble de la nourriture en matière sèche et en acide phosphorique;

4° L'analyse des foins;

5° Celle des betteraves;

6° Celle de l'avoine;

7° Celle du lait écrémé.

RÉSULTAT GÉNÉRAL.

DATES.	ÂGE. (jours)	POIDS. (kilogr)	CONSOMMÉ — MATIÈRE sèche. (kilogr)	CONSOMMÉ — ACIDE PHOSPHORIQUE. (grammes)	URINE DU JOUR — POIDS. (kilogr)	URINE — COEFFICIENT DE P^2O^5. (p. 100)	URINE — ACIDE PHOSPHORIQUE. (grammes)	FÈCES DU LENDEMAIN — POIDS. (kilogr)	FÈCES — ÉTAT SEC. (kilogr)	FÈCES — COEFFICIENT DE P^2O^5. (p. 100)	FÈCES — ACIDE PHOSPHORIQUE. (grammes)	TOTAL EXPULSÉ. (grammes)	NON RETROUVÉ — MATIÈRE sèche. (kilogr)	NON RETROUVÉ — ACIDE PHOSPHORIQUE. (grammes)
1898.														
Septembre 21	139	181	3 955	36 53	1 879	0.149	2 81	6 215	1 093	1.716	18 75	21 56	2 862	14 97
Idem 22	140	184	3 924	36 41	4 567	0.078	3 58	7 396	1 428	1.628	23 24	26 82	2 496	9 59
Idem 23	141	184	4 099	36 39	6 506	0.050	3 47	5 952	1 129	1.456	16 44	19 91	2 970	16 48
Idem 24	142	185	5 246	39 01	2 405	0.095	2 34	7 276	1 305	1.462	19 87	21 71	2 981	17 33
Idem 25	143	186½	5 259	39 26	2 086	0.072	1 50	6 370	1 176	1.480	17 39	18 89	3 115	20 37
Idem 26	144	186½	5 476	38 86	2 860	0.042	1 20	7 043	1 272	1.538	19 56	20 76	3 204	18 10
Idem 27	145	188½	5 465	39 31	1 538	0.103	1 58	6 664	1 160	1.545	17 92	19 50	3 303	19 81
Idem 28	146	189	4 621	41 51	5 584	0.087	4 85	7 628	1 214	1.573	19 10	23 95	3 407	17 56
Idem 29	147	191	4 610	40 78	3 918	0.055	2 17	7 117	1 324	1.570	20 78	22 95	3 286	17 83
Idem 30	148	192½	5 846	41 04	2 303	0.123	2 83	7 801	1 398	1.633	22 83	25 66	3 438	15 46
Octobre 1er	149	194½	4 742	41 46	5 921	0.066	3 53	8 922	1 453	1.624	23 60	27 13	3 289	14 33
Idem 2	150	195	4 560	42 12	2 965	0.146	3 31	7 516	1 472	1.556	23 60	26 91	3 088	15 91
Idem 3	151	196½	4 772	66 47	4 190	0.167	4 19	7 322	1 393	2.364	31 55	35 74	3 378	30 73
Idem 4	152	198	4 863	64 51	2 676	0.178	4 76	8 013	1 459	2.322	33 72	38 48	3 511	26 08
Idem 5	153	200	4 930	66 33	2 451	0.183	4 11	9 990	1 740	2.425	42 19	46 30	3 190	20 03
Idem 6	154	202	4 575	64 30	5 040	0.135	7 04	9 463	1 736	2.332	40 38	48 02	2 839	16 08
Idem 7	155	203	4 880	64 35	6 370	0.112	7 15	7 591	1 310	2.442	31 99	39 14	3 570	26 22
Idem 8	156	204	4 990	65 41	1 935	0.167	3 23	9 098	1 492	2.410	35 96	39 19	3 498	26 29
Idem 9	157	206	5 395	68 55	2 792	0.177	4 85	7 471	1 364	2.495	34 03	38 87	4 031	29 95
Idem 10	158	207	5 550	69 09	2 110	0.197	4 16	8 788	1 549	2.558	39 62	43 78	4 001	25 31
Idem 11	159	209½	5 244	67 04	1 971	0.177	3 49	7 908	1 550	2.110	32 70	36 19	3 690	32 85
Idem 12	160	211	5 156	66 53	2 911	0.153	4 44	8 623	1 669	2.217	37 00	41 44	3 487	25 38
Idem 13	161	213	5 459	67 49	5 474	0.123	6 73	9 748	1 771	2.000	36 42	42 15	3 688	25 34
Idem 14	162	215	5 311	66 51	4 947	0.103	1 08	9 356	1 692	1.946	39 93	41 01	3 519	25 20
Idem 15	163	216½	5 201	65 70	2 635	0.201	4 74	11 890	2 070	2.089	43 24	47 98	3 131	18 72

1898.

DATES	ÂGE (jours)	POIDS (kilogr.)	CONSOMMÉ — MATIÈRE sèche (kilogr.)	CONSOMMÉ — ACIDE phosphorique (grammes)
Octobre........ 16	164	217 1/2	5 134	64 68
" 17	165	219	5 094	66 40
" 18	166	219	4 932	65 44
" 19	167	220	5 324	69 00
" 20	168	221 1/2	5 496	69 18
" 21	169	222 1/2	4 982	66 94
" 22	170	224 1/2	5 577	68 97
" 23	171	226	5 330	67 73
" 24	172	228	5 786	68 79
" 25	173	229 1/2	4 304	63 84
" 26	174	231	4 849	65 06
" 27	175	230 1/2	4 933	53 25
" 28	176	233 1/2	5 486	56 96
" 29	177	235	5 063	54 90
" 30	178	236 1/2	5 320	46 05
" 31	179	237	5 536	46 65
Novembre.... 1er	180	237 1/2	6 010	48 57
" 2	181	239 1/2	5 605	47 61
" 3	182	240	5 741	48 46
" 4	183	241	5 514	47 43
" 5	184	242	6 048	50 63
" 6	185	243 1/2	5 432	48 97
" 7	186	243 1/2	5 691	49 19
" 8	187	244	5 697	51 03
" 9	188	245 1/2	5 838	53 25
" 10	189	246 1/2	5 806	53 64
" 11	190	248		
" 12	191	249		

DATES	URINE DU JOUR — POIDS (kilogr.)	URINE DU JOUR — COEFFICIENT DE P^2O^5 (p. 100)	URINE DU JOUR — ACIDE phosphorique (grammes)	FÈCES DU LENDEMAIN — POIDS (kilogr.)	FÈCES DU LENDEMAIN — ÉTAT SEC (kilogr.)	FÈCES DU LENDEMAIN — COEFFICIENT DE P^2O^5 (p. 100)	FÈCES DU LENDEMAIN — ACIDE phosphorique (grammes)	TOTAL EXPULSÉ (grammes)	NON RETROUVÉ — MATIÈRE sèche (kilogr.)	NON RETROUVÉ — ACIDE phosphorique (grammes)
Octobre 16	4 016	0.181	7 96	11 696	1 979	2.155	42 54	49 80	3 160	14 88
17	6 780	0.108	7 31	9 153	1 647	2.352	38 74	46 08	3 547	16 32
18	5 456	0.122	6 43	7 308	1 343	2.674	35 91	42 34	3 589	23 10
19	5 232	0.093	9 52	8 355	1 707	2.127	37 37	46 89	3 567	22 10
20	3 208	0.182	6 02	7 965	1 273	2.040	26 05	30 07	4 223	37 11
21	4 030	0.133	4 64	9 615	1 656	2.582	37 59	41 63	3 526	25 31
22	3 034	0.141	4 59	8 554	1 537	2.545	35 13	39 42	4 140	29 35
23	3 417	0.156	5 03	9 988	1 891	2.435	46 05	51 08	3 439	16 65
24	3 189	0.166	5 30	7 615	1 639	2.201	31 30	36 60	4 364	32 19
25	4 463	0.153	6 84	9 044	1 685	2.430	40 94	47 78	2 619	16 06
26	6 549	0.146	9 94	8 202	1 451	2.179	31 62	41 56	3 398	23 50
27	5 865	0.124	7 26	7 581	1 485	1.829	23 38	30 64	5 649	12 61
28	5 582	0.102	5 68	7 683	1 386	1.973	27 36	33 04	4 100	13 23
29	3 958	0.101	3 96	8 961	1 448	1.573	22 75	26 71	3 615	18 16
30	4 841	0.061	2 94	9 135	1 653	1.572	25 99	28 93	3 667	17 12
31	5 595	0.057	3 14	8 798	1 499	1.647	24 69	27 83	4 037	19 02
Novembre 1er	6 735	0.045	3 06	10 818	1 965	1.673	32 87	35 93	4 055	13 64
2	6 862	0.050	3 45	10 916	1 991	1.697	32 44	35 89	3 611	11 73
3	4 487	0.102	4 59	10 961	1 775	1.491	25 22	29 81	3 906	18 45
4	3 314	0.122	4 42	10 012	1 703	1.562	26 60	31 02	3 811	16 40
5	3 131	0.150	3 77	10 750	1 873	1.652	31 09	34 79	4 170	15 84
6	3 735	0.131	4 89	10 458	1 763	1.795	30 41	35 30	3 369	12 97
7	6 574	0.078	4 83	9 873	1 510	1.625	24 54	29 37	4 211	19 82
8	5 143	0.093	4 72	10 137	1 748	1.715	25 83	30 55	3 949	20 08
9	4 013	0.117	4 71	9 637	1 652	1.717	23 37	33 08	4 166	20 77
10	4 911	0.119	5 84	9 440	1 719	1.556	25 03	30 87	4 087	23 77

ENSEMBLE DE LA NOURRITURE.

DATES.	LAIT.		AVOINE.		FOIN.		BETTERAVES.		OS.		TOTAL.	
	SEC.	P^3O^5.	SEC.	P^3O^5.	SEC.	P^2O^5.	SEC.	P^3O^5.	SEC.	P^2O^5.	SEC.	P^2O^5.
1898.	kilogr.	gram.	kilogr.	gram.	kilogr.	gram.	kilogr.	gram.	gram.	gram.	kilogr.	gram.
Octobre... 24	0 698	16 78	1 577	15 88	1 683	7 84	1 718	5 76	110	22 53	5 786	68 79
Idem...... 25	0 696	16 91	1 577	15 88	1 037	4 83	0 884	3 89	110	22 53	4 304	63 84
Idem...... 26	0 693	17 03	1 577	15 88	0 847	3 95	1 622	5 67	110	22 53	4 849	65 06
Idem...... 27	0 691	17 16	1 577	15 88	0 766	3 57	1 899	6 64			4 933	43 25
Idem...... 28	0 688	17 28	1 577	15 88	1 749	8 15	1 472	4 93			5 486	46 24
Idem...... 29	0 686	17 40	1 577	15 88	1 708	7 96	1 092	3 66			5 063	44 90
Idem...... 30	0 683	17 51	1 577	15 88	1 857	8 65	1 203	4 01			5 320	46 03
Idem...... 31	0 681	17 63	1 577	15 88	1 843	8 59	1 435	4 75			5 536	46 85
Novembre.. 1ᵉʳ	0 678	17 74	1 664	16 76	1 815	8 46	1 853	5 61			6 010	48 57
Idem...... 2	0 676	17 86	1 752	17 64	1 528	7 12	1 649	4 99			5 605	47 61
Idem...... 3	0 678	17 97	1 752	17 64	1 864	8 69	1 447	3 96			5 741	48 26
Idem...... 4	0 680	18 09	1 752	17 64	1 694	7 89	1 388	3 80			5 514	47 42
Idem...... 5	0 683	18 24	1 840	18 53	1 791	8 35	1 734	5 51			6 048	50 63
Idem...... 6	0 686	18 38	1 840	18 53	1 431	6 67	1 475	4 69			5 432	48 27
Idem...... 7	0 688	18 50	1 840	18 53	1 551	7 23	1 549	4 93			5 628	49 19
Idem...... 8	0 691	18 65	1 840	18 53	1 753	8 17	1 413	5 68			5 697	51 03
Idem...... 9	0 694	18 80	2 190	22 06	1 750	8 15	1 204	4 84			5 838	53 85
Idem...... 10	0 694	18 80	2 190	22 06	1 602	7 47	1 320	5 31			5 806	53 64

ENSEMBLE DE LA NOURRITURE EN MATIÈRE SÈCHE ET EN ACIDE PHOSPHORIQUE.

DATES.		LAIT.		AVOINE.		FOIN.		BETTERAVES.		OS.		TOTAL.	
		SEC.	P^2O^5.	SEC.	P^2O^5.	SEC.	P^2O^5.	SEC.	P^2O^5.	SEC.	P^2O^5.	SEC.	P^2O^5.
1898.		kilogr.	gram.	kilogr.	gram.	kilogr.	gram.	kilogr.	gram.	gram.	gram.	kilogr.	grammes.
Septembre .	21	0 628	14 93	1 211	12 19	1 255	6 14	0 861	3 27			3 955	36 53
Idem	22	0 628	14 93	1 226	12 35	1 160	5 67	0 910	3 46			3 924	36 41
Idem	23	0 628	14 93	1 226	12 35	1 218	5 96	1 027	3 15			4 099	36 39
Idem	24	0 628	14 93	1 226	12 35	1 258	6 15	1 134	5 61			4 246	39 04
Idem	25	0 628	14 93	1 226	12 35	1 245	6 09	1 190	5 89			4 289	39 26
Idem	26	0 628	14 93	1 314	13 23	1 288	6 30	1 246	4 49			4 476	38 86
Idem	27	0 613	14 69	1 314	13 23	1 343	6 57	1 193	4 82			4 463	39 31
Idem	28	0 598	14 44	1 314	13 23	1 358	6 64	1 351	7 20			4 621	41 51
Idem	29	0 583	14 19	1 402	14 12	1 389	6 79	1 236	5 63			4 610	40 78
Idem	30	0 569	13 96	1 402	14 12	1 350	6 60	1 515	6 36			4 836	41 04
Octobre ...	1er	0 569	13 46	1 402	14 12	1 248	7 51	1 523	6 37			4 742	41 46
Idem	2	0 570	12 97	1 402	14 12	1 318	7 33	1 370	7 70			4 560	42 12
Idem	3	0 667	14 58	1 314	13 23	1 350	8 13	1 340	10 05	100	20 48	4 771	66 47
Idem	4	0 652	15 82	1 358	13 68	1 364	8 21	1 389	6 32	100	20 48	4 863	64 51
Idem	5	0 637	17 00	1 358	13 68	1 381	8 31	1 454	6 86	100	20 48	4 930	66 33
Idem	6	0 630	16 69	1 358	13 68	1 316	7 92	1 171	5 53	100	20 48	4 575	64 30
Idem	7	0 623	16 40	1 402	14 12	1 405	8 46	1 350	5 09	100	20 48	4 880	64 55
Idem	8	0 623	16 47	1 446	14 56	1 506	8 95	1 315	4 95	100	20 48	4 990	65 41
Idem	9	0 622	16 51	1 577	15 88	1 572	9 21	1 524	5 97	100	20 48	5 395	68 05
Idem	10	0 622	16 58	1 664	16 76	1 540	8 90	1 624	6 37	100	20 48	5 550	69 09
Idem	11	0 621	16 64	1 664	16 76	1 496	8 53	1 363	4 63	100	20 48	5 244	67 04
Idem	12	0 621	16 71	1 664	16 76	1 556	8 74	1 215	4 13	100	20 48	5 156	66 82
Idem	13	0 624	16 68	1 664	16 76	1 693	9 38	1 378	4 19	100	20 48	5 459	67 49
Idem	14	0 627	16 57	1 664	16 76	1 583	8 64	1 237	3 76	100	20 48	5 211	66 21
Idem	15	0 630	16 50	1 664	16 76	1 462	7 87	1 345	4 09	100	20 48	5 101	65 70
Idem	16	0 633	16 44	1 664	16 76	1 381	7 32	1 360	3 97	100	20 48	5 138	64 68
Idem	17	0 637	16 39	1 664	16 76	1 254	6 55	1 429	4 17	110	22 53	5 094	66 40
Idem	18	0 640	16 31	1 577	15 88	1 407	7 23	1 198	3 49	110	22 53	4 932	65 44
Idem	19	0 735	18 56	1 577	15 88	1 708	8 64	1 194	3 39	110	22 53	5 324	69 00
Idem	20	0 728	18 21	1 577	15 88	1 781	8 87	1 300	3 69	110	22 53	5 496	69 18
Idem	21	0 720	17 83	1 577	15 88	1 280	6 27	1 295	4 43	110	22 53	4 982	66 94
Idem	22	0 713	17 49	1 577	15 88	1 589	7 66	1 588	5 43	110	22 53	5 577	68 99
Idem	23	0 705	17 12	1 577	15 88	1 691	8 02	1 247	4 18	110	22 53	5 330	67 73

FOIN. (*Analyses.*)

1898.

DATES.	POIDS du FOIN. (kilogr.)	PROPORTION de LA MATIÈRE SÈCHE.	SEC. — TOTAL. (kilogr.)	PROPORTION DU P^2O^5. (p. 100.)	P^2O^5. — TOTAL. (gram.)
Septembre. 21	1 477		1 255	0.489	6 14
Idem...... 22	1 365		1 160	0.489	5 67
Idem...... 23	1 433		1 218	0.489	5 98
Idem...... 24	1 480		1 258	0.489	6 15
Idem...... 25	1 465		1 245	0.489	6 09
Idem...... 26	1 515		1 288	0.489	6 30
Idem...... 27	1 580		1 343	0.489	6 57
Idem...... 28	1 598		1 358	0.489	6 64
Idem...... 29	1 634		1 389	0.489	6 79
Idem...... 30	1 588	85 p. 100.	1 350	0.489	6 60
Octobre... 1er	1 468		1 248	0.602	7 51
Idem...... 2	1 433		1 218	0.602	7 33
Idem...... 3	1 588		1 350	0.602	8 13
Idem...... 4	1 605		1 364	0.602	8 21
Idem...... 5	1 625		1 381	0.602	8 31
Idem...... 6	1 548		1 316	0.602	7 92
Idem...... 7	1 653		1 405	0.602	8 46
Idem...... 8	1 772		1 506	0.594	8 95
Idem...... 9	1 850		1 572	0.586	9 21
Idem...... 10	1 812		1 540	0.578	8 90
Idem...... 11	1 760		1 496	0.570	8 53
Idem...... 12	1 830		1 556	0.562	8 74
Idem...... 13	1 992		1 693	0.554	9 38
Idem...... 14	1 862		1 583	0.546	8 64
Idem...... 15	1 720		1 462	0.538	7 87
Idem...... 16	1 625		1 381	0.530	7 32

DATES.	POIDS du FOIN. (kilogr.)	PROPORTION de LA MATIÈRE SÈCHE.	SEC. — TOTAL. (kilogr.)	PROPORTION DU P^2O^5. (p. 100.)	P^2O^5. — TOTAL. (gram.)
Octobre... 17	1 475		1 254	0.522	6 55
Idem...... 18	1 655		1 407	0.514	7 23
Idem...... 19	2 010		1 708	0.506	8 64
Idem...... 20	2 095		1 781	0.498	8 87
Idem...... 21	1 506		1 280	0.490	6 27
Idem...... 22	1 869		1 589	0.482	7 66
Idem...... 23	1 989		1 691	0.474	8 02
Idem...... 24	1 980		1 683	0.466	7 84
Idem...... 25	1 220		1 037	0.466	4 83
Idem...... 26	0 997		0 847	0.466	3 95
Idem...... 27	0 901		0 766	0.466	3 57
Idem...... 28	2 058		1 749	0.466	8 15
Idem...... 29	2 010	85 p. 100.	1 708	0.466	7 96
Idem...... 30	2 185		1 857	0.466	8 65
Idem...... 31	2 168		1 843	0.466	8 59
Novembre.. 1er	2 135		1 815	0.466	8 46
Idem...... 2	1 798		1 528	0.466	7 12
Idem...... 3	2 193		1 864	0.466	8 69
Idem...... 4	1 993		1 694	0.466	7 89
Idem...... 5	2 107		1 791	0.466	8 35
Idem...... 6	1 683		1 431	0.466	6 67
Idem...... 7	1 825		1 551	0.466	7 23
Idem...... 8	2 062		1 753	0.466	8 17
Idem...... 9	2 059		1 750	0.466	8 15
Idem...... 10	1 885		1 692	0.466	7 47

BETTERAVES. *(Analyses.)*

DATES.	POIDS.	PROPORTION de la MATIÈRE SÈCHE.	SEC. TOTAL.	PROPORTION DU P²O⁵.	P²O⁵ TOTAL.
1898.	kilogr.	p. 100.	kilogr.	p. 100.	gramm.
Septembre 21	7 000	12.30	0 861	0.380	3 27
Idem.... 22	7 400	12.30	0 910	0.380	3 46
Idem.... 23	7 500	13.70	1 027	0.307	3 15
Idem.... 24	7 500	15.12	1 134	0.495	5 61
Idem.... 25	7 500	15.87	1 190	0.495	5 89
Idem.... 26	7 500	16.61	1 246	0.357	4 49
Idem.... 27	8 000	14.91	1 193	0.404	4 82
Idem.... 28	8 000	16.89	1 351	0.533	7 20
Idem.... 29	8 000	15.45	1 236	0.434	5 63
Idem.... 30	8 500	17.82	1 515	0.420	6 36
Octobre.. 1er	8 500	17.92	1 523	0.418	6 37
Idem.... 2	8 000	17.13	1 370	0.562	7 70
Idem.... 3	8 000	16.75	1 340	0.750	10 05
Idem.... 4	8 500	16.34	1 389	0.455	6 32
Idem.... 5	8 500	17.11	1 454	0.472	6 86
Idem.... 6	8 000	14.64	1 171	0.472	5 53
Idem.... 7	8 000	16.88	1 350	0.377	5 09
Idem.... 8	8 000	16.44	1 315	0.377	4 95
Idem.... 9	8 000	19.05	1 524	0.392	5 97
Idem.... 10	9 000	18.05	1 624	0.392	6 37
Idem.... 11	8 500	16.04	1 363	0.340	4 63
Idem.... 12	8 500	14.30	1 215	0.340	4 13
Idem.... 13	9 000	15.31	1 378	0.304	4 19
Idem.... 14	9 000	13.75	1 237	0.304	3 76
Idem.... 15	9 000	14.95	1 345	0.304	4 09
Idem.... 16	10 000	13.60	1 360	0.292	3 97

DATES.	POIDS.	PROPORTION de la MATIÈRE SÈCHE.	SEC. TOTAL.	PROPORTION DU P²O⁵.	P²O⁵ TOTAL.
1898.	kilogr.	p. 100.	kilogr.	p. 100.	gramm.
Octobre.. 17	10 000	14.29	1 429	0.292	4 17
Idem.... 18	10 000	11.98	1 198	0.292	3 49
Idem.... 19	9 000	13.27	1 194	0.284	3 39
Idem.... 20	10 000	13.00	1 300	0.284	3 69
Idem.... 21	11 000	11.77	1 295	0.342	4 43
Idem.... 22	11 000	14.44	1 588	0.342	5 43
Idem.... 23	12 500	9.98	1 247	0.335	4 18
Idem.... 24	11 600	14.81	1 718	0.335	5 76
Idem.... 25	10 500	8.42	0 884	0.440	3 89
Idem.... 26	12 200	13.33	1 622	0.350	5 67
Idem.... 27	12 500	15.19	1 899	0.350	6 64
Idem.... 28	11 000	13.38	1 472	0.335	4 93
Idem.... 29	11 000	9.93	1 092	0.335	3 66
Idem.... 30	11 000	10.94	1 203	0.333	4 01
Idem.... 31	14 000	10.25	1 435	0.333	4 75
Novembre. 1er	17 000	10.90	1 853	0.303	5 61
Idem.... 2	14 000	11.78	1 649	0.303	4 99
Idem.... 3	13 000	11.13	1 447	0.274	3 96
Idem.... 4	13 000	10.68	1 388	0.274	3 80
Idem.... 5	14 500	11.96	1 734	0.318	5 51
Idem.... 6	13 000	11 35	1 475	0.318	4 69
Idem.... 7	15 000	10 33	1 549	0.318	4 93
Idem.... 8	15 000	9.42	1 413	0.402	5 68
Idem.... 9	12 000	10.03	1 204	0.402	4 84
Idem.... 10	12 000	11.00	1 320	0.402	5 31

NOTA. A partir du 5 octobre, l'acide phosphorique a été dosé pour deux jours à la fois.

AVOINE. (*Analyses.*)

DATES.	QUANTITÉ. (kilogr.)	PROPORTION SÈCHE. (p. 100)	SEC. — TOTAL. (kilogr.)	PROPORTION DU P^2O^5. (p. 100)	P^2O^5. — TOTAL. (gramm.)	DATES.	QUANTITÉ. (kilogr.)	PROPORTION SÈCHE. (p. 100)	SEC. — TOTAL. (kilogr.)	PROPORTION DU P^2O^5. (p. 100)	P^2O^5. — TOTAL. (gramm.)
1898.						**1898.**					
Septemb. 21	1 383		1 211		12 19	Octobre.. 17	1 900		1 644		16 76
Idem.... 22	1 400		1 226		12 35	Idem.... 18	1 800		1 577		15 88
Idem.... 23	1 400		1 226		12 35	Idem.... 19	1 800		1 577		15 88
Idem.... 24	1 400		1 226		12 35	Idem.... 20	1 800		1 577		15 88
Idem.... 25	1 400		1 226		12 35	Idem.... 21	1 800		1 577		15 88
Idem.... 26	1 500		1 314		13 23	Idem.... 22	1 800		1 577		15 88
Idem.... 27	1 500		1 314		13 23	Idem.... 23	1 800		1 577		15 88
Idem.... 28	1 500		1 314		13 23	Idem.... 24	1 800		1 577		15 88
Idem.... 29	1 600		1 402		14 12	Idem.... 25	1 800		1 577		15 88
Idem.... 30	1 600		1 402		14 12	Idem.... 26	1 800		1 577		15 88
Octobre.. 1er	1 600		1 402		14 12	Idem.... 27	1 800		1 577		15 88
Idem.... 2	1 600		1 402		14 12	Idem.... 28	1 800		1 577		15 88
Idem.... 3	1 500	87.6	1 314	1.007	13 23	Idem.... 29	1 800	87.6	1 577	1.007	15 88
Idem.... 4	1 550		1 358		13 68	Idem.... 30	1 800		1 577		15 88
Idem.... 5	1 550		1 358		13 68	Idem.... 31	1 800		1 577		15 88
Idem.... 6	1 550		1 358		13 68	Novembre 1er	1 900		1 664		16 76
Idem.... 7	1 600		1 402		14 12	Idem.... 2	2 000		1 752		17 64
Idem.... 8	1 650		1 446		14 56	Idem.... 3	2 000		1 752		17 64
Idem.... 9	1 800		1 577		15 88	Idem.... 4	2 000		1 752		17 64
Idem.... 10	1 900		1 664		16 76	Idem.... 5	2 100		1 840		18 53
Idem.... 11	1 900		1 664		16 76	Idem.... 6	2 100		1 840		18 53
Idem.... 12	1 900		1 664		16 76	Idem.... 7	2 100		1 840		18 53
Idem.... 13	1 900		1 664		16 76	Idem.... 8	2 100		1 840		18 53
Idem.... 14	1 900		1 664		16 76	Idem.... 9	2 500		2 190		22 06
Idem.... 15	1 900		1 664		16 76	Idem.... 10	2 500		2 190		22 06
Idem.... 16	1 900		1 664		16 76						

LAIT. (*Analyses.*)

DATES.	POIDS du LAIT absorbé. (kilogr.)	PROPORTION de la MATIÈRE SÈCHE. (p. 100.)	SEC. — TOTAL. (kilogr.)	PROPORTION DU P²O⁵. (p. 100.)	P²O⁵ — TOTAL. (gramm.)
1898.					
Septemb^re 21	6 210	10.11	0 628	2.377	14 93
Idem.... 22	6 210	10.11	0 628	2.377	14 93
Idem.... 23	6 210	10.11	0 628	2.377	14 93
Idem.... 24	6 210	10.11	0 628	2.377	14 93
Idem.... 25	6 210	10.11	0 628	2.377	14 93
Idem.... 26	6 210	10.11	0 628	2.377	14 93
Idem.... 27	6 210	9.87	0 613	2.396	14 69
Idem.... 28	6 210	9.63	0 598	2.415	14 44
Idem.... 29	6 210	9.39	0 583	2.434	14 19
Idem.... 30	6 210	9.16	0 569	2.454	13 96
Octobre.. 1er	6 210	9.17	0 569	2.366	13 46
Idem.... 2	6 210	9.19	0 570	2.375	12 97
Idem.... 3	7 245	9.20	0 667	2.186	14 58
Idem.... 4	7 245	9.00	0 652	2.427	15 82
Idem.... 5	7 245	8.79	0 637	2.668	17 00
Idem.... 6	7 245	8.70	0 630	2.650	16 69
Idem.... 7	7 245	8.60	0 623	2.633	16 40
Idem.... 8	7 245	8.60	0 623	2.645	16 47
Idem.... 9	7 245	8.59	0 622	2.656	16 51
Idem.... 10	7 245	8.58	0 622	2.668	16 58
Idem.... 11	7 245	8 57	0 621	2.680	16 64
Idem.... 12	7 245	8.57	0 621	2.691	16 71
Idem.... 13	7 245	8.61	0 624	2.667	16 68
Idem.... 14	7 245	8.65	0 627	2.643	16 57
Idem.... 15	7 245	8.70	0 630	2.619	16 50
Idem.... 16	7 245	8.74	0 633	2.597	16 44

DATES.	POIDS du LAIT absorbé. (kilogr.)	PROPORTION de la MATIÈRE SÈCHE. (p. 100.)	SEC. — TOTAL. (kilogr.)	PROPORTION DU P²O⁵. (p. 100.)	P²O⁵ — TOTAL. (gramm.)
1898.					
Octobre.. 17	7 245	8.79	0 637	2.573	16 39
Idem.... 18	7 245	8.84	0 640	2.549	16 31
Idem.... 19	8 280	8.88	0 735	2.525	18 56
Idem.... 20	8 280	8.79	0 728	2.501	18 21
Idem.... 21	8 280	8.70	0 720	2.477	17 83
Idem.... 22	8 280	8.61	0 713	2.453	17 49
Idem.... 23	8 280	8.52	0 705	2.429	17 12
Idem.... 24	8 280	8.43	0 698	2.404	16 78
Idem.... 25	8 280	8.40	0 696	2.430	16 91
Idem.... 26	8 280	8.37	0 693	2.457	17 03
Idem.... 27	8 280	8.34	0 691	2.483	17 16
Idem.... 28	8 280	8.31	0 688	2.510	17 28
Idem.... 29	8 280	8.28	0 686	2.536	17 40
Idem.... 30	8 280	8.25	0 683	2.563	17 51
Idem.... 31	8 280	8.22	0 681	2.589	17 63
Novemb^re 1er	8 280	8.19	0 678	2.616	17 74
Idem.... 2	8 280	8.16	0 676	2.642	17 86
Idem.... 3	8 280	8.19	0 678	2.651	17 97
Idem.... 4	8 280	8.22	0 680	2.661	18 09
Idem.... 5	8 280	8.25	0 683	2.670	18 24
Idem.... 6	8 280	8.28	0 686	2.680	18 38
Idem.... 7	8 280	8.31	0 688	2.689	18 50
Idem.... 8	8 280	8.34	0 691	2.699	18 65
Idem.... 9	8 280	8.38	0 694	2.709	18 80
Idem ... 10	8 280	8.38	0 694	2.709	18 80

M. Gouin ajoute en terminant : Nous ne voudrions pas que nos expériences puissent servir de moyen de réclame à des industriels; j'insiste donc sur ce point que la poudre d'os, telle que celle qui a été employée par nous, ne doit coûter que de 12 à 15 francs les 100 kilogrammes, prise chez les marchands d'engrais. Qu'on l'appelle «poudre d'os verts» ou «phosphate d'os azoté», c'est tout un, les os contenant naturellement 25 p. 100 de matière azotée. Nous avons même lieu de penser que toute préparation, qui permettrait d'offrir aux éleveurs le phosphate à des prix plus élevés, n'augmenterait en rien l'efficacité de son action; nous admettrions volontiers qu'elle ne pourrait que la diminuer.

M. Sanson. Messieurs, celui qui a fait des expériences sur ce sujet, mon regretté ami Paul Gay, dont je parlais samedi dernier, est mort. Les résultats n'ont pas été assez complets pour leur donner une véritable signification.

Mais je voudrais demander à M. Guoin un éclaircissement. Ce qui fait la valeur essentielle des expériences de ce genre, c'est de savoir si le phosphate des os est véritablement assimilé. Je prie donc M. Gouin de nous donner des détails sur la façon dont sont recueillis dans l'expérience, d'une part, les excréments solides et, d'autre part, les urines. Il est intéressant de savoir s'il n'y a pas eu perte.

M. Gouin. L'installation du boxe où le veau a été maintenu en observation, l'aire toute en ciment ont été faites en vue d'expériences précises. Toute perte de matière était rendue impossible; M. le Professeur d'agriculture de mon département, que j'aperçois ici, pourrait en témoigner. J'affirme que nous avons recueilli, jusqu'à la dernière goutte, les 208 kilogrammes d'urine que l'animal a émis pendant sa longue captivité. Les fèces, comme je l'ai dit, étaient ramassées et mises à part 5 ou 6 fois par jour.

Enfin, pour montrer le soin avec lequel cette expérience a été conduite, j'ajouterai que je m'en étais, en quelque sorte, constitué prisonnier. Pendant huit semaines, je me suis astreint à ne pas m'éloigner plus de quatre heures à la fois, et cela encore très rarement.

M. Sanson. Ne restait-il rien sur le sol?

M. Gouin. L'expérience terminée, le ciment a été soumis à un raclage énergique, de manière à enlever jusqu'à la dernière parcelle des fèces qui avaient pu y rester adhérentes. Le résidu recueilli a été de 1,611 grammes de matière sèche, dont 33 gr. 73 d'acide phosphorique, sur un total de 80,154 gr. de matière sèche et de 1,556 gr. 09 d'acide phosphorique expulsé par les fèces, en 52 jours. Inutile d'ajouter que nous avons fait les corrections correspondant à ce résidu final dans tous les tableaux que nous venons de présenter.

Plus d'un mois avant la réunion du Congrès, nous mettions entre les mains de son secrétaire général le bilan complet de cette dernière expérience, comprenant : le détail de la nourriture quotidienne, avec sa composition en matière sèche et acide phosphorique, et, pour les évacuations, la quantité brute et l'acide phosphorique de l'urine et des fèces, la matière sèche de ces dernières. Tout ce que l'animal avait consommé ou rendu y figurait, à un gramme près. Nos tableaux mentionnaient en outre le relevé de son accroissement de poids journalier.

Dans cette étude, la part de l'homme de science n'a pas été moins chargée que celle du praticien. Le nombre des analyses que M. Andouard a dû exécuter, dans une période de cinquante-deux jours, s'est élevé à près de 350 !

M. SANSON. Je connais M. Andouard, le directeur de la Station agronomique de la Loire-Inférieure, et je n'hésite pas à affirmer qu'on peut avoir toute confiance dans ses analyses.

M. DANGUY, professeur départemental d'agriculture de la Loire-Inférieure. Je ne puis que confirmer ce que vient de dire M. Gouin. L'installation qu'il a fait faire pour ses expériences est parfaitement comprise; elle permet de donner toute la précision nécessaire aux recherches que M. Andouard et lui poursuivent depuis plusieurs années sur le rôle de l'acide phosphorique dans l'alimentation des jeunes bovidés.

M. MALLÈVRE. L'expérience faite par MM. Gouin et Andouard a fourni des résultats si intéressants, je puis ajouter si extraordinaires, qu'il est au plus haut point souhaitable que ces résultats soient contrôlés en mettant en œuvre toutes les ressources dont dispose la technique moderne pour l'étude des questions relatives à la nutrition des animaux. C'est ainsi qu'il serait très désirable que, non content de constater un gain de poids vif plus élevé sous l'influence de l'addition de poudre d'os à la ration, on recherchât en quoi consiste ce gain plus grand de poids. Que se dépose-t-il dans l'organisme? de l'eau, des matières azotées, des matières grasses, etc. ? De la réponse que recevront ces questions dépendra en grande partie la portée qu'il convient de reconnaître aux résultats observés par M. Gouin. La solution de pareilles questions exige, je le reconnais, l'emploi d'un appareil à respiration coûteux. Mais tant qu'on ne procédera pas de cette façon, on ne sera pas complètement et suffisamment renseigné.

M. GOUIN. M. Mallèvre trouve que ce n'est pas suffisant d'avoir constaté, sur un veau, une augmentation de 9 kilogrammes, uniquement due à l'absorbtion de 2 kilogr. 500 de poudre d'os, il voudrait que nous disions dans quelle proportion le squelette, les tissus et l'eau qu'ils contiennent, la graisse des tissus et celle qui s'amasse dans différentes parties du corps ont concouru à cette augmentation.

Certes, la chose serait intéressante à élucider, mais M. Mallèvre sait bien qu'il nous faudrait faire édifier pour cela une installation compliquée, un appareil respiratoire, dans le genre de celui de Pettenkofer. Ce serait une dépense d'une quinzaine de mille francs! Ne serait-ce pas beaucoup demander au directeur d'une station agronomique, dont le budget ne prévoit aucune dépense de ce genre, et à un simple chercheur tel que moi?

Ni l'Institut national agronomique, ni Grignon, ni même, je crois, aucun autre établissement de l'État, ne possède ces appareils. La science en Allemagne est plus favorisée. Si, faute d'installation suffisante, nous ne pouvons toujours apporter dans nos recherches la précision que nos voisins sont en état de donner aux leurs, nous ne saurions cependant abandonner aux Allemands le monopole de toutes ces études.

M. SANSON. Je puis donner satisfaction à M. Gouin.

A Grignon, les nombreuses recherches que nous avons faites ont été exécutées avec des appareils beaucoup plus simples et, j'ose dire, plus exacts que ceux usités en Allemagne. Ces appareils, que j'ai fait construire par M. Galante, permettent de recueillir l'urine d'une part, et d'autre part les déjections solides sans beaucoup de dépenses. Pour les déjections solides, c'est un sac qui s'adapte à l'anus au moyen de courroies et d'un surfaix. On le vide par en bas, chaque fois qu'il est plein. Paul Gay, dans un mémoire qui a été publié, a fait représenter par la gravure un cheval d'expérience qui en est affublé. Pour l'urine, un sac également en caoutchouc fixé sous le ventre et terminé par un tube permet de la recueillir dans un vase approprié. De cette façon et avec ces appareils, qui ne coûtent ensemble pas plus d'une soixantaine de francs, il n'y a point de perte, tandis que si l'urine se répand sur le sol de la stalle, il s'en perd toujours une certaine quantité. En outre, une partie de l'urine se transforme en carbonate d'ammoniaque qui s'évapore.

Ces dispositifs sont donc incomparablement moins coûteux que ceux dont se servent les expérimentateurs allemands, et, de plus, ils évitent mieux, me semble-t-il, les causes d'erreur.

M. Gouin. Évidemment, l'emploi des appareils cités par M. Sanson semble tout indiqué quand on a en vue la recherche de certains éléments susceptibles de se transformer en gaz; mais nous, qui avions limité pour cette fois nos études à l'acide phosphorique, nous n'avions pas besoin de chercher à prévenir toute évaporation de l'urine. Tant qu'aux fèces, la fraction qui a échappé au ramassage quotidien n'a pas dépassé 2 p. 100. Dans nos comptes, nous l'avons répartie proportionnellement aux 52 journées de l'expérience. De ce fait, y eût-il une légère erreur, que le résultat final n'eût été modifié que d'une manière absolument insensible. Il n'y avait vraiment pas lieu de gêner l'animal, en lui imposant le port des appareils en question.

M. Sanson. Cela ne les gêne pas.

M. Gouin. Je n'en suis pas du tout sûr. Quand je fais une expérience, je m'attache soigneusement à écarter tout ce qui peut fausser une des deux périodes à comparer entre elles. L'animal empêtré dans son double appareil ne se trouvera plus dans les mêmes conditions qu'auparavant; la digestion, l'assimilation des aliments ne s'en ressentiront-elles pas?

Je citerai un exemple, et ce sera le veau, sujet de l'expérience que nous discutons, qui me le fournira. J'ai voulu, alors que tout jeune il était au régime du lait écrémé et de la fécule, recueillir un jour ses excréments, pour montrer que la fécule était parfaitement digérée. J'ai dû, pendant une journée, lui supprimer toute litière. Le veau, alors, a retenu son urine le plus longtemps qu'il a pu, il a hésité beaucoup à se coucher. Le résultat, c'est qu'il a évacué 1,650 grammes de fèces, 10 à 15 fois plus qu'un veau de 65 kilogrammes aurait dû en rendre avec un semblable régime, et naturellement la fécule n'était pas digérée.

Voyez l'influence d'un rien, d'un simple changement dans les habitudes!

Que des bœufs, des animaux déjà âgés supportent facilement vos sacs, cela

6

n'est pas pour m'étonner. Pour des jeunes animaux, soyez certains qu'il n'en serait pas de même. A leur âge, le besoin d'exercice est impérieux, et s'ils sont attachés, ils trouvent encore le moyen de gambader sur place, ils ne respecteraient pas longtemps les appareils dont vous voudriez leur imposer le port. Nous-mêmes n'aurions eu garde de raccourcir leurs chaînes, au point de leur rendre tout mouvement impossible pendant huit semaines; ce peut être bon pour des animaux à l'engrais, mais assurément pas pour ceux dont on cherche à observer la croissance dans sa marche normale.

Nous croyons avoir apporté au Congrès des preuves suffisantes de l'efficacité du phosphate d'os. Nous espérons que plusieurs, parmi les praticiens qui m'écoutent, voudront l'expérimenter à leur tour et viendront, en 1900, joindre leur témoignage au nôtre.

Nous ne sommes pas encore fixés sur la dose qu'il convient d'employer; mais dussiez-vous donner à de jeunes animaux de 60 à 100 grammes de cette poudre d'os, tous les jours sans discontinuer, que, pour une année entière, la dépense se bornerait de 3 à 5 francs au plus.

Seulement, je le répète, si l'action de la poudre d'os nous a toujours semblé manifeste, lorsque nous l'ajoutions à une nourriture assez substantielle pour bien activer la croissance, elle reste problématique, à nos yeux, quand l'insuffisance de la nourriture ne permet plus que des progrès trop lents.

L'explication du rôle joué par la poudre d'os dans la nutrition nous manque encore, cela est vrai; mais ce n'est pas ce qui doit arrêter le praticien. Moins exigeant que l'homme d'étude, il sait se contenter des faits.

Ces faits, s'il ne nous est pas réservé d'apporter sur eux la lumière, peut-être un jour prochain, en recevrons-nous l'explication de quelqu'un des savants éminents qui siègent auprès de nous.

M. Sanson. Nous sommes chacun dans notre rôle.

M. le Président. La parole est à M. Le Conte.

M. le Conte. Quel que soit l'avenir des expériences de M. Gouin, tout d'abord nous devons lui être reconnaissants des soins qu'il a apportés dans des expériences aussi longues que minutieuses et qui doivent exiger des connaissances étendues de la part de l'expérimentateur, vraiment digne de ce nom, qui cherche à remonter des effets aux causes. Aussi bien cette question ne doit pas rester à l'état embryonnaire où elle est aujourd'hui; il faut la pousser et, comme l'ont dit MM. Sanson et Mallèvre, les expériences doivent être continuées pour distinguer si l'acide phosphorique est ou non absorbé. Or, il faut être outillé spécialement pour analyser consciencsement des faits de ce genre, et il n'y a qu'une seule personne en France qui puisse mener ces expériences à bien : c'est l'État.

Il a été fondé pour ces recherches expérimentales des écoles d'agriculture et principalement l'Institut agronomique. Mieux que personne, l'honorable M. Tisserand, ici présent, sait que l'Institut agronomique, d'après la loi qui l'a institué, devait être à la fois un établissement d'enseignement et un établissement de recherches scientifiques. Le premier but a été complètement atteint : l'Institut agronomique a formé des hommes éminents et des élèves excellents; mais il n'a pas répondu, dans la même mesure, à la seconde partie de sa mission, faute de crédits sans doute...

M. LE PRÉSIDENT. Voilà la question.

M. LE CONTE. A Joinville, près de Vincennes, on a installé pour cet objet de magnifiques laboratoires, parfaitement aménagés, qui, malheureusement, sont désertés, où les araignées tissent leurs toiles en toute sécurité. (*Rires.*)

Eh bien, l'heure est venue de demander aux pouvoirs publics, au moyen de nouveaux crédits ou d'un remaniement des crédits du Ministère de l'agriculture, d'étudier la réorganisation de ce service d'expériences, afin que le double but de l'Institut agronomique soit rempli et que ces beaux laboratoires soient rendus à leur destination primitive.

Voilà la simple réflexion que je voulais faire : à vous, Messieurs, de l'appuyer, si vous jugez qu'elle met en jeu la cause du progrès et l'avenir de la science agricole. (*Très bien! très bien!*)

M. SANSON. Très bien.

M. LE PRÉSIDENT. M. Tisserand a la parole pour répondre à l'ardente philippique de M. le Conte. (*Sourires.*)

M. TISSERAND. Je tiens à dire à M. le Conte que je suis absolument de son avis en ce qui concerne les questions expérimentales à examiner et l'étude des problèmes qui sont du ressort de la science et de l'enseignement supérieur.

Nous avons créé des laboratoires complets à l'Institut agronomique; mais, pour qu'ils puissent fonctionner et qu'on puisse s'y livrer aux études et recherches, il faut de l'argent; or, comme on le dit, c'est le nerf de la guerre qui manque ici; j'avais obtenu au début les crédits nécessaires; il faudrait les rétablir, c'est indispensable; j'applaudis donc de grand cœur aux paroles émouvantes que vient de prononcer M. le Conte. (*Approbation.*)

M. le Président. Comme l'a fort bien dit M. Tisserand, cela se résout en une question de crédit, et vous savez aussi bien et même mieux que personne, vous qui êtes conseiller à la Cour des comptes, l'état actuel de notre budget.

Pourquoi ne ferait-on pas appel au concours de l'initiative privée, si féconde à l'étranger? Pourquoi nos nombreuses Sociétés d'agriculture ne se mettraient-elles point à subventionner les laboratoires de nos grandes Écoles? Pourquoi enfin ne se trouverait-il pas, parmi les agriculteurs riches, d'intelligents donateurs qui, de leur vivant ou après leur mort, laisseraient à ces écoles une partie, si modeste fût-elle, de la fortune acquise? Leur exemple trouverait certainement des imitateurs, et, faibles au début, les subventions afflueraient bientôt, au grand profit de la science agricole. (*Approbation.*)

A cet égard, permettez-moi de vous dire qu'un de mes vieux et excellents amis, propriétaire dans l'Aude, qui a augmenté, par une habile gestion de ses domaines, le patrimoine de sa famille, a eu l'idée de laisser sa fortune, à défaut de proches parents, à la chaire de zootechnie de l'Institut national agronomique, pour doter le laboratoire qui y est attaché. Il m'a fait le grand honneur de me demander des conseils pour les meilleurs moyens de réaliser ses intentions généreuses, et finalement il a institué, à titre de légataire universelle, la Société nationale d'agriculture, à la charge d'employer les intérêts du capital de 600,000 à 700,000 francs qu'il lui laissera, à doter annuellement le laboratoire de zootechnie de l'Institut. C'est là une grande pensée et une noble initiative, auxquelles les membres du Congrès seront, j'en suis sûr, heureux de rendre hommage. Vous saluerez certainement, Messieurs, avec émotion et reconnaissance le nom de ce bienfaiteur de la science agricole, M. Adolphe Sans, propriétaire à Bram [Aude]. (*Applaudissements prolongés.*)

M. Sanson. Je regrette de ne plus être professeur de zootechnie à l'Institut agronomique pour employer cette magnifique dotation! (*Approbation.*)

M. le Président. L'ordre du jour appelle la communication de M. Bussard, chef des travaux à l'Institut agronomique, sur les déchets de graines dans l'alimentation du bétail. La parole est à M. Bussard.

M. Bussard. Les déchets résultant de l'épuration des grains et des graines de semence jouent un rôle important dans l'alimentation du bétail. Ils fournissent souvent à cet égard un appoint nullement négligeable. Mais ils sont loin d'avoir tous la même valeur et, parfois, leur emploi présente des dangers sur lesquels, précisément, je désire appeler votre attention.

Ces déchets sont obtenus dans l'exploitation rurale ou dans l'industrie. Je ne vous parlerai pas ici de ceux qui ont subi, du fait de traitements industriels, de profondes modifications mécaniques et chimiques : leurs propriétés restent assez souvent les mêmes que celles des produits naturels dont ils proviennent; c'est généralement le cas des tourteaux; mais il arrive aussi qu'elles se trouvent atténuées ou exaltées. Nous examinions récemment un produit formé en grande partie de graines de moutarde qui ne présentait plus trace de l'essence irritante propre à cette crucifère; ces graines avaient été soumises au concassage, à l'action de l'eau, puis au chauffage.

Les déchets obtenus à la ferme résultent le plus communément du passage des céréales au tarare et au trieur. L'épuration des grains dans les minoteries fournit des résidus semblables. La préparation des graines de semence chez les marchands qui disposent d'appareils *ad hoc* laisse aussi des déchets, moins fréquemment employés pour la nourriture des animaux, parce qu'ils sont plus rares.

Tous ces déchets renferment des matières terreuses, des balles, des débris végétaux divers, enfin des graines qui en sont la partie principale, celle qui offre le plus d'intérêt au point de vue qui nous occupe. Ces graines appartiennent à des espèces variées qui diffèrent suivant la région d'origine, le mode de culture, la plante considérée. Cependant un certain nombre d'espèces adventices en forment généralement le fond. Celles qu'on rencontre le plus communément dans nos criblures d'origine indigène sont : la moutarde des champs, sanve, séneve ou jotte, la ravenelle, le plantain, le liseron des champs, plusieurs vesces et gesses spontanées, la nielle, la saponaire, le gremil des champs, la renoncule des champs et la renoncule bulbeuse, la patience et la petite oseille, les bromes et les ivraies, le mélampyre.

L'analyse botanique d'un déchet de cette nature que nous avons faite récemment à la Station d'essais de semences de l'Institut agronomique est caractéristique à cet égard.

Le déchet examiné présentait la composition suivante :

Débris de blé...	55.97 p. 100.
Vesces diverses..	15.46
Nielle..	14.49
Saponaire des vaches.......................................	4.16
Gaillet caille-lait..	4.19
Gesses	1.60
Grémil..	0.80
Mélampyre des champs.......................................	0.40
Blé carié...	0.35
Renoncule, ivraie, rumex, ravenelle, jacée, bulbilles d'ail....	0.41
Terre, débris divers.......................................	2.17
Total....................	100.00

Si plusieurs de ces espèces de graines n'offrent aucun inconvénient pour l'alimentation du bétail, si quelques-unes même, les vesces par exemple, peuvent être considérées comme présentant une réelle valeur pour cet usage, d'autres, au contraire, sont suspectes ou franchement nuisibles.

Parmi ces dernières, la nielle est à coup sûr l'une des plus fréquemment et des plus abondamment représentées dans les déchets obtenus lors du triage des blés. Cette plante messicole, bien connue des cultivateurs sous les noms de nigelle, noyelle, couronne des champs, a des graines noires garnies de fines aspérités, comprimées sur deux de leurs faces, irrégulièrement convexes sur la troisième.

D'après Cornevin, auquel il faut toujours se référer lorsqu'on traite des plantes vénéneuses, la nielle contient, uni à d'autres corps jusqu'à présent mal connus, un glycoside, la saponine ou githagine, qui lui communique des propriétés vénéneuses très accentuées. A l'époque de la floraison, le toxique se trouve répandu dans toutes les parties de la plante; il se concentre dans la graine lors de la maturation. Ces graines, mûres en même temps que celles du blé, se trouvent, par suite, recueillies avec ces dernières au moment de la récolte.

Malgré les affirmations de Cornevin et les preuves qu'il donne à l'appui, la toxicité de la nielle est encore aujourd'hui des plus controversées. L'usage fréquent de pain fait avec de la farine souillée de nielle provoque, assure-t-on, chez l'homme, des troubles organiques graves qui déterminent le marasme et l'étisie. De semblables empoisonnements ont été observés en Amérique, dit M. Grosjean. Un chimiste russe, M. Lebedef, prétend, au contraire, que la température de cuisson du pain est suffisante pour détruire la githagine et, par conséquent, pour prévenir tout danger d'empoisonnement. Dans nos campagnes, on n'est pas loin de considérer comme utile la présence d'un peu de nielle dans la farine de froment, parce que, dit-on, elle donne de la blancheur au pain. Ajoutons qu'elle lui communique en même temps une saveur amère et une odeur désagréable.

Les animaux domestiques n'acceptent pas volontiers la graine de nielle ; ils ne la consomment qu'en mélange avec d'autres semences qu'ils appètent ; encore constate-t-on que les oiseaux de basse-cour savent fort bien faire un triage qui leur permet de l'éliminer. Aussi les empoisonnements aigus sont-ils rares et ne s'observent-ils que chez des bêtes nourries avec des criblures de céréales ou avec les farines qu'on tire de ces criblures. Le bétail ne touche pas à la plante sur pied.

Les accidents attribués à l'ingestion de nielle ont été bien mis en évidence par Cornevin. Dans l'ouvrage que nous avons cité précédemment, il rappelle à ce sujet les travaux de Malapert et Bonneau, Tabourin, Bianchi, Pelikan, Kohler, Chritsophson, Contamine, Pétermann, etc., qui tous concluent à la nocuité de la plante. En ce qui concerne plus spécialement la farine de nielle, il fournit des données précises sur sa toxicité, en indiquant qu'il en faut, pour déterminer la mort, 2 gr. 5o chez le veau, 1 gramme chez le porc, o gr. 9o chez le chien et 2 gr. 5o chez la poule, par kilogramme de poids vif. Ceci revient à dire que, pour un animal donné, la dose mortelle serait obtenue en multipliant son poids par les chiffres précédents.

Pour provoquer les mêmes accidents, il faut un poids presque double de graines, d'une part, parce que l'enveloppe de celles-ci ne renferme point le principe vénéneux, qui réside exclusivement dans l'amande, d'autre part, parce qu'un certain nombre de graines entières traversent toujours le tube intestinal sans être digérées.

L'empoisonnement par la nielle se manifeste chez les animaux par de l'inquiétude, des baillements, une salivation abondante, des coliques, puis une diarrhée à forme dysentérique ou hémorragique, et enfin une sorte de coma qui précède la mort.

Cornevin n'a point déterminé expérimentalement la quantité de farine de nielle capable de tuer le mouton et le cheval, mais il déclare que des intoxications par cette farine ont été observées chez tous nos animaux domestiques. Dechet, notamment, signale des cas d'empoisonnement de chevaux dus à la nielle.

Cependant, en ce qui concerne le mouton, il convient de relater le fait suivant. En 1895, un agriculteur de l'Hérault annonçait qu'il avait fait consommer 4,000 kilogrammes de graines de nielle par un troupeau de 110 bêtes ovines, à raison de 100 kilogrammes par jour, et qu'il s'était fort bien trouvé de cette alimentation. Pareille affirmation n'a pas été sans faire quelque bruit à l'époque.

M. Émile Thierry, dont on connait la compétence dans toutes les questions relatives au bétail, déclare (*Journal d'Agriculture pratique*) « qu'il a connu, dans l'Yonne, le régisseur d'un grand domaine qui faisait consommer, par petites quantités journalières, à des bœufs à l'engraissement, la graine de nielle, qu'il appelait *pois gras*, bien cuite. Il prétend que le pois gras favorisait, en le hâtant, l'engraissement de ses bœufs. » M. Thierry ajoute que l'expérience fut de courte durée, la quantité de graines de nielle dont on disposait n'étant pas très considérable. « Il se peut, dit-il d'autre part, qu'une ébullition prolongée et une cuisson parfaite modifient ou détruisent complètement la saponine, comme cela se produit pour d'autres substances organiques toxiques. »

D'indications qui m'ont été complaisamment fournies, il y a quelques années, par le directeur de la boulangerie des hôpitaux de Paris, qui fait elle-même ses farines, il résulte que cet établissement a vendu à plusieurs reprises, à de petits grainetiers, des quantités importantes de nielle presque pure. En 1893, des négociants étrangers désireux d'introduire en France de forts stocks de ces graines, taxées à l'entrée comme semences, ont même réclamé en leur faveur un abaissement des tarifs douaniers. La prétention était singulière, il faut en convenir. A quel usage destinait-on ces graines? J'ai vainement tenté de le savoir. Pas plus que Cornevin, je ne suis en mesure d'affirmer qu'elles sont « broyées et mélangées à du son, à des recoupes, à des farines troisièmes, pour l'alimentation du bétail, quoique un nombre déjà élevé de cas d'empoisonnement recueillis par des vétérinaires le donne à penser ». Il conviendra peut-être d'ajouter avec lui : « Comme il s'agit de l'utilisation d'une matière première toxique, ne serait-il pas du devoir de l'administration de se renseigner sur son emploi dans certaines usines? S'il était reconnu qu'on la mêle aux matières alimentaires indiquées plus haut, des mesures prohibitives devraient être prises. »

J'ai peut-être un peu longuement insisté sur la toxicité de la nielle, veuillez me le pardonner. La question est de celles qui méritent d'être élucidées; et je me déclarerais satisfait si j'avais réussi à provoquer sur ce point un débat où chacun apporterait le résultat de ses observations personnelles. Car, il faut bien en convenir, en présence des contradictions flagrantes que je viens de vous signaler, de nouvelles expériences s'imposent.

En attendant, les éleveurs feront bien de tenir la graine de nielle pour suspecte et de renoncer à l'emploi des déchets de nettoyage qui en renfermeraient de trop fortes proportions.

En raison de leur étroite parenté botanique avec la nielle, les graines de la saponaire officinale, et peut-être même celles de la saponaire des vaches, doivent être considérées comme peu propres à l'alimentation du bétail.

Celles des gesses ont été mises en cause dans bien des cas d'empoisonnement. Les graines de la gesse chiche ou gesse jarosse et celles de la gesse cultivée sont également vénéneuses, bien que les plantes elles-mêmes, cultivées comme fourrages, ne présentent avant floraison aucune toxicité. L'intoxication déterminée par ces graines, désignée sous le nom de lathyrisme, se manifeste, à la suite d'une consommation prolongée, par la paralysie des membres, du cornage chez le cheval, des sueurs abondantes, du vertige, et parfois une asphyxie mortelle. L'homme et les différents animaux domestiques y sont sujets.

Des gesses d'origine exotique appartenant à des espèces autres que celles que nous venons de désigner ont parfois déterminé chez nous des accidents semblables. De ce nombre est le *Lathyrus amœnus*, introduit avec des blés de l'Inde, et le *Lathyrus clymenum* ou gesse pourpre, dont les graines, vendues dans nos départements du Sud-Est sous les noms de vesce d'Italie ou vesce de Hongrie à la suite de l'extrême sécheresse de 1893, servirent à la production d'un fourrage qui, consommé en vert, causa l'empoisonnement d'un grand nombre de têtes de bétail. Dans un seul canton de l'Ain, Saint-Maurice-de-Beynost, plus de 70 bêtes à corne périrent. Un procès retentissant, qui eut son dénouement devant le tribunal de Lyon, amena la condamnation des vendeurs.

Des gesses, il convient de rapprocher l'ers ervilier ou vesce ervilière, une autre légumineuse fourragère, dont les graines déterminent chez les animaux, et plus particulièrement chez le porc, une sorte de stupeur comateuse qui peut avoir un dénouement fatal.

Les violentes irritations intestinales provoquées par l'ingestion de graines de moutarde en forte quantité sont trop connues pour que nous insistions sur ce point. Elles sont produites par l'essence de moutarde ou sulfocyanure d'allyle qui prend naissance au contact de l'eau ou des liquides organiques. La moutarde des champs, que l'on trouve souvent en abondance dans les déchets d'épuration de nos semences indigènes, est riche en essence et conséquemment dangereuse. Elle a causé des accidents mortels. La moutarde noire, utilisée en thérapeutique, produit les mêmes effets. A faible dose, l'action excitante des moutardes peut être utile chez des animaux dont l'estomac est paresseux.

L'année dernière, en vous parlant des tourteaux, je vous ai signalé la présence, dans les colzas de l'Inde, de plusieurs moutardes qui rendent les tourteaux qu'on en obtient impropres à l'alimentation du bétail.

Les semences du coquelicot renferment un principe narcotique.

Les graines des rumex, celles de la petite oseille particulièrement sont suspectes. On les accuse de provoquer chez le cheval et chez le mouton une sorte d'ivresse.

On n'est pas fixé sur la toxicité des graines des renoncules, quoique celle des plantes elles-mêmes soit parfaitement établie. Les semences de la renoncule des champs se rencontrent très fréquemment dans les blés et dans les avoines. Elles présentent des aspérités épineuses qui suffiraient à les faire rejeter.

La mélampyre des champs, blé de vache ou queue de renard, a des graines que leur forme et leur volume rendent difficile à séparer de celles du froment. Leur ingestion amène, dit-on, des vertiges.

Dans la famille des graminées, qui nous fournit tant de plantes utiles, et notamment nos céréales, deux espèces sont signalées comme dangereuses : l'ivraie enivrante, si commune dans nos champs, et l'ivraie linicole que l'on rencontre surtout dans les cultures de lin. Les graines seules de ces plantes sont toxiques. Celles de l'ivraie enivrante ou zizanie sont souvent consommées par les animaux avec l'orge ou l'avoine; en mélange avec le blé, elles passent à la mouture. La consommation des déchets du tararage des céréales qui en renferment détermine chez les animaux des tremblements, puis des convulsions violentes, si la dose ingérée est suffisante.

Le cheval est particulièrement sensible à l'action de l'ivraie, 7 grammes par kilogramme de poids vif suffisent à le tuer; le mouton et le bœuf y résistent mieux, le porc davantage encore. D'après les récents travaux de M. Guérin, la toxicité des ivraies serait due à la présence, presque constante, d'un champignon parasite dans les tissus de la graine. Ce fait est à rapprocher des accidents causés par le seigle enivrant, accidents résultant de la présence dans le grain d'un champignon parasite, l'*Endoconidium temulentum* (Pril. et Delac).

Les déchets de nettoyage des céréales de consommation, les criblures extraites des semences de vente renferment bien d'autres graines nuisibles, sans parler des grains ergotés, cariés, etc. Leur énumération serait ici sans utilité.

La mouture n'atténue pas la toxicité de ces produits, elle aurait plutôt l'effet inverse.

Vous apprécierez comme il convient la valeur des provendes quand vous saurez que la plupart de ces produits vendus à si hauts prix sont constitués par des déchets semblables à ceux dont je viens de vous parler, soumis au broyage et additionnés de substances excitantes ou sapides, telles que fenugrec, racine de gentiane, sel marin, etc.

Quelles sont les conclusions à tirer de ce qui précède? Qu'il faut ne recourir à l'emploi des déchets de graines pour l'alimentation du bétail que lorsqu'on en connaît suffisamment la composition botanique pour être certain qu'ils ne sont pas susceptibles de provoquer des accidents. Sans aller jusqu'à l'empoisonnement bien caractérisé, ces accidents se traduisent souvent par de l'inappétence et par un amaigrissement des animaux dont la cause est généralement ignorée; ils entraînent toujours, par conséquent, une perte pour l'éleveur. Cette perte pourrait être aisément évitée par un sacrifice des plus minimes, par une précaution des plus élémentaires. Il suffirait, en cas de doute, de confier l'examen du déchet à une station d'essais de semences qui ne refuserait pas de joindre au résultat de ses déterminations spécifiques une consultation permettant de les interpréter.

Si l'on voulait se soustraire à cette obligation ou faire consommer quand même des déchets suspects, je ne vois guère qu'une opération qui permettrait peut-être de parer aux dangers d'empoisonnement ou tout au moins de les atténuer par l'élimination d'une partie des principes toxiques, l'ébouillantage prolongé des produits avec rejet de l'eau de cuisson. (*Très bien!*)

M. LE PRÉSIDENT. Quelqu'un désire-t-il faire quelque observation sur l'intéressante communication de M. Bussard? La parole est à M. Lavalard.

M. LAVALARD. Messieurs, je viens d'entendre la communication faite par notre collègue, M. Bussard, et je tiens à m'inscrire contre les conclusions qu'il a présentées.

En effet, il y a un très grand danger à vouloir utiliser les différents déchets provenant du nettoyage des graines, et je vais vous en citer plusieurs exemples que j'ai vus pendant ma longue carrière.

A la suite de la grande sécheresse de l'année agricole 1893-1894, vous n'avez pas oublié que les fourrages manquaient et qu'on a dû chercher à les remplacer dans les meilleures conditions. A ce moment, j'ai fait venir d'Algérie une céréale qui se vend comme foin et qui n'est autre chose que de l'avoine coupée en vert et qui se consomme comme telle. J'avais remarqué cependant que c'était presque de la paille, mais portant des épis à peine mûrs et dont quelques-uns portaient quelques traces d'ergot. Malgré les précautions prises, c'est-à-dire de battre ces fourrages et de les hacher, espérant que cette manutention ferait disparaître les spores d'ergot, je constatai bien vite les effets désastreux produits par la consommation. Un grand nombre de chevaux avaient des javarts cutanés qui amenaient des pertes de peau considérables aux membres. On cessa de mettre en distribution ces pailles, et les accidents disparurent. Souvent, il y a dans les déchets de la poussière provenant de l'ergot, et vous voyez quel danger il y a à consommer ces résidus. On se méfiait moins parce qu'en France il est rare de constater l'ergot sur l'avoine, on n'en voit guère que sur le seigle. Mais j'ai encore un autre accident à vous signaler pour d'autres déchets. Ayant acheté à la même époque de grandes quantités de grains, avoine, maïs et surtout féverole, à l'étranger, par suite du manque absolu des récoltes, j'eus à constater d'autres accidents plus graves, entre autres des cas de lathyrisme.

Sur un effectif de près de 15,000 chevaux que j'emploie, 1,200 à 1,400 étaient atteints de lathyrisme avec tous ses caractères bien tranchés.

M. SANSON. Expliquez ce que c'est que le lathyrisme.

M. LAVALARD. C'est une maladie nerveuse ; le cheval, qui paraît en bonne santé, tombe sur le sol en proie à une vive surexcitation et quelquefois meurt. Malgré qu'il ait conservé toutes les apparences de la santé, qu'il mange bien, le cheval ne présente ces symptômes effrayants que lorsqu'on l'attelle pour le travail.

Nous avons eu ces accidents qui se renouvelaient très souvent, et, très préoccupé, j'ai pensé que c'était peut-être la nielle qui avait provoqué cette maladie. En effet, dans les graines que j'avais reçues de l'étranger, il y avait une grande quantité de nielle et d'autres graines mauvaises, telles que les pois de différentes espèces, entre autres quelques pois jarosses.

Pour remédier à cet état de choses et m'assurer si véritablement c'était la nielle ou les autres graines qui produisaient cette maladie, et comme, d'autre part, les approvisionnements sont toujours considérables pour 15,000 chevaux, l'opération était nécessaire, j'ai dû faire une dépense de plus de 60,000 francs, somme importante, pour faire passer les graines dans les différents cribleurs et les nettoyer. Les résultats se sont fait sentir immédiatement; tous les accidents ont disparu. A cette époque, j'ai consulté mon jeune ami, M. Mallèvre, sur les accidents causés par la nielle. Il a eu l'obligeance de me faire connaître les travaux qui avaient été faits en Allemagne, dont la conclusion était que les Allemands avaient eu aussi à souffrir des accidents causés par la nielle, ce qui m'a profondément convaincu que ce lathyrisme avait été provoqué par la nielle. Toujours est-il, je le répète, qu'à la suite du nettoyage complet, les accidents ont disparu, mais j'avais perdu une grande quantité de chevaux. Il est vrai de dire aussi que, dans les cas cités par M. Mallèvre, il y en a eu un certain nombre où il n'y a pas eu d'accidents.

C'est pourquoi, et je veux insister sur les conclusions de M. Bussard, prenez bien garde, il n'y a rien de plus dangereux que d'utiliser les déchets, de céréales ou autres graines en général sans les nettoyer. Il est, en effet, très difficile de savoir si ces mauvaises graines existent dans les céréales et il se trouve des commerçants peu scrupuleux qui nettoient mal ou point la graine, et si malheureusement on les consomme, il se produit de terribles maladies, ou si vous vous en servez comme graines de semence, vous voyez votre champ recouvert de mauvaises graines qu'il faut séparer des autres. Oui, malgré le nettoyage, malgré le broyage, il y a un très grand danger à utiliser les déchets.

M. LE PRÉSIDENT. M. Bussard a-t-il quelques explications à donner à M. Lavalard ?

M. BUSSARD. M. Lavalard vous a parlé de déchets de graines franchement nuisibles et qui produisent quelquefois la mort. De tels déchets doivent être détruits par le feu, car, employés comme engrais, en mélange avec les fumiers ou les composts, sans cette précaution, ils empoisonneraient le sol de mauvaises herbes, comme l'indique d'ailleurs M. Lavalard.

Cette multiplication des plantes adventices est possible, même avec des graines ingérées par le bétail, car beaucoup de petites graines, revêtues d'une enveloppe résistante, traversent l'appareil digestif des animaux en restant intactes et se retrouvent dans les fumiers sans avoir rien perdu de leur aptitude à germer.

Apprécier *à priori* le degré de nocuité d'un produit de cette nature est, j'en conviens, difficile pour le cultivateur. A défaut de l'expérimentation directe, on ne peut y parvenir qu'en établissant la proportion des espèces dangereuses qu'il renferme. C'est affaire aux spécialistes. Mais je persiste à penser que condamner d'une façon absolue l'emploi des déchets de graines pour l'alimentation du bétail, c'est priver l'éleveur d'une ressource éventuelle appréciable.

M. LE PRÉSIDENT. M. Saint-Yves-Ménard a la parole pour faire une communication concernant l'emploi des coques de cacao dans l'alimentation du bétail.

M. SAINT-YVES-MÉNARD. Après les grandes questions qui viennent d'être traitées devant vous, le programme du Congrès a réservé une place à l'étude des résidus industriels, qui présente toujours un intérêt pratique pour les cultivateurs. Je me propose de vous parler des coques de cacao provenant des fabriques de chocolat.

Ce n'est pas un aliment de bien grande valeur nutritive [1]; encore peut-il, en raison de son faible prix (5 à 6 francs les 100 kilogrammes), rendre service dans le cas de disette de fourrages et entrer utilement dans les mélanges donnés aux vaches. On le sait déjà; il y a lieu seulement de le rappeler de temps en temps.

Mais ce qui n'est pas connu et ce que je veux dire aujourd'hui, c'est que les coques de cacao sont très favorables à la santé des moutons dans les pays où se produit la cachexie aqueuse ou *pourriture*. Elles sont d'ailleurs du goût des moutons, qui en prennent volontiers 1 litre à 1 litre et demi en nature, à l'état sec, avant d'aller au pâturage. Elles préviennent la cachexie aqueuse, si cette maladie est à craindre par suite de l'humidité, et elles la guérissent quand le troupeau est déjà atteint.

J'ai été témoin de ces bons effets en Sologne, à Huppemeau (Loir-et-Cher), où mon père a fait consommer par ses vaches et ses moutons une grande

---

[1] Composition moyenne des coques de cacao :

Eau	12.71 p. 100.
Matières azotées	12.66
Matières grasses	3.40
Extractifs non azotés	46.71
Cellulose	16.05
Cendres	8.47

quantité de coques de cacao en 1870 et 1871. Durant deux hivers, son troupeau, composé de deux cents têtes, a été indemne de la pourriture, contrairement à l'habitude, tandis que les troupeaux voisins étaient décimés.

A dix ans d'intervalle, j'ai eu l'occasion de faire la même observation ici même, à Paris. Comme directeur adjoint du Jardin d'acclimatation, j'avais fait venir à la ferme du Pré-Catelan, dans le bois de Boulogne, un troupeau de deux cents moutons solognots pour consommer les regains des prairies sur le bord de la Seine. A l'automne, le troupeau fut atteint de la cachexie ; je l'ai mis au régime des coques de cacao (1 litre à 1 litre et demi le matin) et je l'ai guéri en moins d'un mois.

J'avais négligé jusqu'à ce jour de publier ces faits. Je les apporte au Congrès, malgré leurs dates anciennes, et je souhaite que leur connaissance rende service aux cultivateurs qui ont encore à redouter les pertes causées par la cachexie aqueuse des moutons.

M. le Président. La parole est à M. Claudius Nourry.

M. C. Nourry. Je prends la parole, non pas pour confirmer ce que vient de dire M. Saint-Yves-Ménard sur l'élevage des moutons, mais pour dire quelques mots de l'emploi de la coque de cacao dans l'alimentation des vaches laitières.

J'ai utilisé personnellement cette matière pendant l'été et je la livre à la consommation en la faisant tremper pendant quarante-huit heures et en la mélangeant avec un fourrage vert ; j'ai obtenu un lait plus riche en sels et qui, pour moi, était plus économique, parce que l'herbe revient, à Paris, à un prix élevé en raison de la nécessité où l'on est d'avoir un employé, une voiture spéciale et un cheval pour l'amener à la vacherie. Au moyen de ce procédé, les rendements sont maintenus pendant l'été, et je mets 3, 4, 5 kilogrammes, suivant les autres éléments de la ration, par jour et par tête. Cette quantité de coques de cacao est donnée en équivalence de 2 kilogrammes de maïs ou de brisures de fèves ou de cosses de fèves, de 3 kilogrammes de recoupettes ou de son. Ainsi le prix de la ration ne s'élève pas.

J'ajouterai que la qualité du lait se trouve plutôt améliorée, en ce sens que la saveur spéciale passe dans le lait dont l'extrait sec augmente.

Il y a un réel intérêt et même avantage dans certains cas à utiliser, à mon avis et d'après l'expérience que j'ai faite, la coque de cacao dans l'alimentation des vaches laitières.

M. LE PRÉSIDENT. On a dit et écrit que la coque de cacao a une valeur alimentaire supérieure à son prix de revient; il ne faudrait pas exagérer. M. Saint-Yves-Ménard, en effet, nous fait connaître que la coque de cacao a une richesse de 18.97 en matières azotées, 4.39 de matières grasses, et elle vaut à peu près 5 à 6 francs les 100 kilogrammes; par conséquent, le prix de revient est normal. Je ne crois pas qu'il faille appeler, d'une manière spéciale, l'attention des nourrisseurs sur cette matière, quoiqu'elle offre cet avantage d'être riche en oxyde de fer, devant exercer, selon M. Saint-Yves-Ménard, une influence salutaire sur la cachexie, et il n'est pas exact que cet aliment soit extraordinairement bon marché; on le vend ce qu'il vaut.

M. C. NOURRY. C'est ce que j'ai dit. Je n'ai pas la prétention d'indiquer que cet aliment remplacera les autres. Je prétends que, dans certains cas, il peut être d'une grande utilité, à la fois parce qu'il procure au lait la saveur du cacao, parce que c'est un aliment très sec, parce que la théobromine qu'il contient est un dynamogénique qui accroît l'appétit, parce que, enfin, dans certain cas, il est bon d'utiliser des aliments ne contenant que peu de cellulose, comme la coque, de façon à reposer les fonctions digestives. C'est pourquoi j'ai eu soin d'indiquer qu'il faut tremper la coque de cacao quarante-huit heures. Enfin on n'a pas toujours sous la main des aliments très riches en azote. Et alors la coque peut rendre des services à cause de son prix. J'ajouterai cependant, pour abonder dans votre sens, Monsieur le Président, parce que c'est l'expression de ma pensée, que cet aliment ne doit pas être payé plus de 6 francs, si le nourrisseur ou l'éleveur veut s'en servir sans perte.

M. SANSON. M. Nicolas, que je regrette de ne pas voir ici, a fait dans son exploitation un très grand usage de la coque de cacao, et je me suis adressé à lui pour résoudre la question de l'influence de la coque de cacao sur la saveur du lait. A ce moment-là, nous faisions des études complètes sur l'analyse de la coque de cacao et sur son degré de digestibilité, ce qui est très important. J'avais demandé à M. Lombard des échantillons de quelques qualités de cacao; nous les avons examinés et nous avons trouvé que le degré de digestibilité est faible.

J'ai déjà eu occasion de le dire : dans ces matières, il faut prendre en outre l'avis des animaux. Ils sont les seuls juges en dernier ressort; mais il y a ce fait à considérer, que la coque de cacao n'en est pas moins un aliment à utiliser en raison de son prix peu élevé.

Pour terminer, je me permettrai de manifester quelques doutes sur l'influence de la coque de cacao dans la guérison de la cachexie. Je doute que la coque de cacao puisse tuer les helmintes du foie. M. de Béhague, un de nos plus habiles éleveurs, croyait avoir trouvé dans le tourteau de colza un spécifique pour guérir la cachexie. La vérité, à mon sens, est que la maladie étant provoquée par un parasite, l'alimentation riche qu'il donnait à sesmoutons cachectiques suffisait à la fois pour les nourrir eux-mêmes et aussi les parasites qu'ils hébergeaient.

Mais, quant à une action thérapeutique, il ne faut pas y compter. Avec un aliment riche, quel qu'il soit, on peut exactement produire les mêmes résultats.

C'est l'histoire du chou et du lapin. Si le chou est gros et le lapin petit, le lapin ne mange pas assez du chou pour l'empêcher de vivre ; si, au contraire, le lapin est gros et le chou petit, le lapin le mange tout entier et il n'y a plus de chou.

M. le Président. Oui, mais le chou ne mange jamais le lapin. (*Rires.*)

M. Saint-Yves-Ménard. Je ne pense pas que les coques de cacao agissent directement contre la douve, parasite de la cachexie aqueuse ; je leur attribue une action nutritive et tonique d'où dérive la guérison. En outre, cet aliment, qui a subi la torréfaction, est éminemment propre à contrebalancer l'influence du pâturage humide. J'estime, en effet, qu'il faut distinguer dans la pathogénie de la cachexie, d'une part, l'influence du parasite et, d'autre part, celle de la nourriture aqueuse. C'est si vrai, qu'on peut produire expérimentalement une cachexie aqueuse sans parasites. Les chèvres s'y prêtent particulièrement bien ; je me fais fort de rendre des chèvres cachectiques en moins de quatre semaines en les nourrissant de fourrages verts. Et je crois pouvoir affirmer qu'elles seront ensuite guéries promptement par les coques de cacao.

M. Gouin. Je demanderai à poser deux questions à M. Saint-Yves-Ménard.

Si j'ai bien retenu les chiffres qu'il vient de nous donner, la coque de cacao ne contiendrait presque pas de cellulose. Je m'étonnerais alors que la digestibilité des autres éléments soit si faible. Aurait-on cessé d'admettre que moins un fromage est chargé de cellulose et plus il est digestible ?

Deuxième question : La coque de cacao ne contiendrait-elle pas, soit par elle-même, soit en raison des débris de l'amande que peut entraîner le décor-

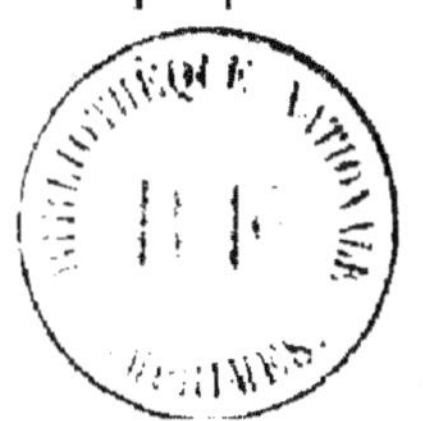

ticage, une certaine proportion de théobromine? Si je me souviens bien, la médecine emploie avec succès, comme tonique, la théobromine tirée du cacao. N'exercerait-elle pas une action spéciale sur la nutrition? Ne serait-ce pas à elle qu'il faudrait attribuer une partie des effets favorables que viennent de reconnaître ici ceux qui font consommer des coques de cacao?

M. Saint-Yves-Ménard. Je remercie M. Gouin d'avoir réparé une omission que j'ai faite. Les coques de cacao sont riches également en matières minérales et principalement en oxyde de fer. Cette substance n'est certes pas sans effet.

M. Le Conte. Il y a un autre aliment à signaler qui équivaut presque à la coque de cacao : c'est la coque d'arachide que je mélange à de la pulpe, et mes animaux s'en trouvent très bien.

M. le Président. Je l'emploie aussi, mais seulement comme litière. Je doute fort qu'elle vaille la coque de cacao comme aliment.

M. Gouin. Pour les coques d'arachides, certains industriels, que les scrupules ne gênent pas, ont trouvé mieux à faire. L'huilerie leur cède ces coques finement moulues, à 5 ou 6 francs les 100 kilogrammes, déjà beaucoup au-dessus de leur valeur réelle, les années où il n'existe pas de disette fourragère. Les industriels en question incorporent cette mouture dans du son; le tout vous est revendu comme du vrai son. C'est un bénéfice de 150 p. 100 que ces fraudeurs arrivent à réaliser ainsi sur les coques d'arachides, au préjudice de l'agriculture!

M. Saint-Yves-Ménard. La question s'est élargie; j'ai voulu rappeler en quelques mots l'usage de la coque de cacao pour les moutons et dans des conditions particulières, mais, puisqu'on a parlé avec raison de la coque de cacao comme nourriture, je me félicite d'avoir appelé l'attention sur ces résidus industriels. (*Très bien!*)

M. le Président. Y a-t-il quelqu'un qui ait à faire une communication sur les résidus industriels en général?

M. Raquet, d'Amiens. Ce n'est pas des coques d'arachides, ni des coques de cacao que je veux vous entretenir, mais d'un résidu de l'industrie de l'alcool,

la drêche de distillerie, qui, avec ses avantages, présente des inconvénients
que je vais indiquer :

1° Les vaches qui sont nourries avec la drêche de distillerie avortent, et
elles avortent en général dans des conditions singulières. Les petits veaux ne
prennent plus de nourriture, et ils arrivent, à 8 ou 9 mois, à avoir la grosseur d'un petit lapin ;

2° Lorsque les vaches mettent les veaux au monde dans de moins mauvaises
conditions, ces petits veaux meurent dans l'espace d'une quinzaine de jours.

Les petits veaux meurent, direz-vous, qu'est-ce que cela nous fait ? C'est
que le lait qu'on vous livre dans les grandes villes n'est pas bon, et vous re-
marquerez alors que les petits enfants meurent aussi bien que les petits veaux.
Messieurs, vous savez bien ce qui a déjà été dit des méfaits de l'alcool, c'est
un produit dangereux ; à côté de l'alcool éthylique, il y a les alcools supérieurs
qui bouillent à une température de 130 degrés et plus au lieu de 79 degrés,
et ces alcools sont cinq et six fois plus toxiques que l'alcool ordinaire ; or,
vous avez ces alcools dans les produits de la fermentation, et, quoi que vous
fassiez, vous aurez toujours une proportion d'alcool méthylique et même d'al-
déhyde dans ces résidus.

Je vous le répète, ces alcools sont dangereux, et, accumulés dans la drêche,
ils passent si peu que ce soit dans le lait ; ce qui explique pourquoi les vaches
avortent et pourquoi les veaux et les enfants meurent.

M. Claudius Nourry. Messieurs, je tiens à répondre à M. Raquet que l'expérience m'a amené, au point de vue zootechnique, à employer la drêche et la
pulpe dans l'alimentation des vaches laitières et que je ne partage pas son avis,
condamné par la pratique des nourrisseurs de Paris. Mais c'est justement
parce qu'au point de vue zootechnique il m'est apparu qu'il n'y a pas, à moins
d'être dans un lieu de production, grand avantage à consommer des aliments
de cette nature, qu'il me semble cependant qu'il ne faut pas se laisser aller,
comme le fait M. Raquet, à de problématiques suppositions.

Voyons, en effet, comment les choses se passent dans les vacheries :

La base de l'alimentation, dans les vacheries de Paris et de la banlieue,
consiste dans les aliments suivants : drêche solide ou liquide, foin, paille, son,
betteraves, pour l'hiver ; et, pour l'été, drêche, paille, son, herbe et fourrages verts. A ces aliments principaux nous devons joindre les pulpes de
betteraves, les tourteaux, les remoulages, les recoupettes, les cosses de fèves,

les féverolles, le maïs, des germes de malt ou touraillons et des carottes dans certaines maisons, enfin les fourrages artificiels et les regains.

Parmi ces aliments, il en est un surtout qui a fait couler des flots d'encre et provoqué bien des discussions : c'est le premier, celui contre l'emploi duquel s'élèvent les critiques de M. Raquet, la drêche, à laquelle on a reproché de rendre les vaches phtisiques et leur lait « phtisiogène peut-être et non nutritif ». (*Lettre de M. Ch. Girard, chef du laboratoire municipal de Paris, à M. le Président de la Société de médecine publique d'hygiène professionnelle, août 1882.*)

Cette lettre souleva à l'époque de véritables tempêtes, que M. Raquet peut ne pas avoir connues; mais, dans la discussion, M. Bouley, de l'Institut, et M. J.-A. Barral s'élevèrent avec une vigueur inaccoutumée contre les assertions trop légères de M. Girard, que M. Raquet a reprises et aggravées tout à l'heure.

La drêche, en effet, est un aliment très usité dans le nord de la France, en Allemagne, et dans tous les pays où les brasseries existent en plus ou moins grand nombre. Elle rend là d'excellents services à cause de sa richesse en matières protéiques.

Seulement, dans ces pays, elle est consommée à l'état frais. Il est vrai que, même dans cet état, elle présente, à cause de la forte odeur aigre qu'elle répand, une incommodité réelle. Cette odeur passe dans l'air environnant à un certain rayon et c'est pour les voisins un réel désagrément. Mais la drêche a surtout l'inconvénient de transmettre au lait cette odeur aigrelette; et si le lait des vaches nourries avec de la drêche n'est pas de plus mauvaise composition que les autres, il est bien moins stable.

Cette odeur tient à l'*asparagine* résultant de la germination de l'orge et aussi à certains produits acides amenés par la fermentation. Cette germination de l'orge doit certainement exercer une influence, car les germes de malt ou touraillons communiquent au lait une odeur semblable, et si l'on fait cuire des pommes de terre où les germes sont un peu sortis, il est aisé de remarquer l'odeur forte et désagréable qui en résulte pour la pomme de terre. Eh bien, cette odeur offre plus d'une analogie avec celle de la drêche et nous amène à penser que la germination est la raison principale de l'odeur de la drêche.

Quoi qu'il en soit, et quelle que puisse être l'influence qui agit dans la drêche, l'effet est palpable et certain. Il se traduit par l'odeur propre au *lait dréché* et aussi par une instabilité beaucoup plus grande dans le lait obtenu avec cet aliment, même à l'état frais.

Mais, en général, la drèche n'est pas consommée à l'état frais, pas plus que les pulpes, d'ailleurs, ni les autres résidus de distillerie, de brasserie et de féculerie. On la met, au contraire, dans des *fosses* (appelées *trous à drèche*) par quantités très grandes. Il y a à cela, pour le nourrisseur, un réel avantage dans les prix, parce qu'il peut acheter par wagons, et nous savons que les conditions économiques d'exploitation d'une vacherie sont loin d'être toujours favorables.

Seulement, dans la *fosse*, le résidu fermente. Chaque jour, on enlève le dessus, qui est justement la moisissure produite par la fermentation, et c'est ce qu'on donne aux vaches. Ainsi, au lieu de drèche, on donne un aliment fermenté qui n'est plus qu'un amas d'acides et de produits en fermentation. Il va de soi qu'en de telles conditions l'animal doit s'en ressentir.

Et la drèche étant ainsi la base de l'alimentation, il en est des vaches nourries par cette méthode comme de l'homme qui boit de l'alcool comme boisson courante : peu à peu son intérieur se brûle et sa santé fléchit conséquemment.

Il faut donc employer cet aliment à l'état frais et dépouillé de ses acides. On l'a compris, il y a environ douze ans, en mettant en vente des drèches pressées renfermées dans des tonneaux. Mais l'expérience a prouvé que, au point de vue de la qualité, ces drèches étaient inférieures aux autres parce qu'elles se trouvent dépouillées de leur eau; l'eau, en effet, qui entre dans le lait est surtout introduite dans le sang par l'alimentation; les boissons en fournissent une quantité moindre pour l'assimilation; en sorte que la drèche, qui est un aliment très aqueux, perd, par la pression, sa qualité principale.

Quant à la drèche liquide, elle a l'inconvénient de renfermer une grande quantité d'acides et, à ce point de vue, n'est profitable qu'à la condition d'être, en très faible quantité, employée surtout comme excitant des fonctions digestives et de l'estomac.

De tout cela, il se dégage cette conclusion, que la drèche ne peut être employée qu'à l'état frais, bien que, sous cette forme, elle communique au lait une odeur désagréable et rende le lait plus instable. Sous les autres formes, ou bien elle perd ses qualités, ou bien elle est nuisible à la santé de l'animal qui la consomme. Voilà la vérité sur les mérites et les dangers de cet aliment. La lettre de M. Ch. Girard, dont j'ai parlé plus haut, avait alors tellement ému le monde médical, que non seulement la Société de médecine publique et d'hygiène professionnelle avait nommé une commission chargée de l'examen des accusations portées contre la drèche; mais encore le Conseil d'hygiène et de salubrité du département de la Seine avait chargé le regretté professeur, Ulysse Trélat, d'un rapport sur les effets, dans l'alimentation des enfants, du lait provenant des vaches nourries avec de la drêche.

L'éminent professeur n'aboutit pas dans ses recherches. Et comme nous lui en demandions la raison, il nous répondit que des causes nombreuses, *au milieu desquelles l'influence de la drêche était insaisissable*, agissaient sur le lait. En sorte qu'il était impossible de déterminer les effets que l'on devait attribuer uniquement à la drêche, ces effets ayant une foule de sources, plus ou moins vraisemblables. J'oppose M. Trélat à M. Raquet et j'ajoute que c'est, en effet, l'opinion la meilleure qu'on puisse porter sur le *lait drêché* quand on a constaté, comme nous l'avons fait, les influences palpables de la drêche sur le lait. Quant à l'accusation de *phtisiogène*, elle est purement gratuite, heureusement pour la population parisienne et les populations urbaines. Mais, puisque nous parlons des résidus industriels, ce que nous avons dit des drêches s'applique identiquement aux autres résidus, que ces résidus soient de brasserie, de féculerie, de distillerie ou de malterie.

Tant que ces résidus n'auront pas subi la fermentation lactique, ou ne la subiront pas, on pourra les employer sans danger, mais seulement à faibles quantités, soit comme stimulants de la digestion, soit comme aliments d'appoint pour compléter la ration. Comme base d'alimentation, ils sont aussi nuisibles que les drêches qui se trouvent dans le même cas d'instabilité. Le malheur est que, généralement, tous ces résidus sont consommés justement comme ils ne devraient pas l'être. On les consomme le plus souvent, ainsi que nous le disions tout à l'heure, en état de pleine fermentation; et là, ils sont dangereux pour l'animal et aussi pour le lait qui, sous leur influence, perd ses qualités de finesse, de goût et d'odeur, ainsi que la stabilité de ses éléments.

Et dans le cas actuel, si le lait n'est pas consommé sur place, un procédé de conservation devient presque obligatoire, eu égard aux effets désorganisateurs produits au sein du liquide par une acidité de la masse, alors qu'au contraire le lait frais doit être alcalin.

Les tourteaux ont pour la plupart le même inconvénient: ils communiquent au lait une odeur généralement désagréable. Il n'y a guère que ceux de palme, d'arachide, de sésame, de coton, qui soient dépourvus des principes auxquels est due la mauvaise odeur du lait obtenu par un procédé alimentaire où ils entrent. Pourtant, les tourteaux de graines oléagineuses possèdent une très grande richesse comparée à leur bas prix. C'est la raison pour laquelle, bien qu'ils communiquent au lait leur saveur, on ne craint pas de les employer. Il convient d'ajouter que cet emploi n'est pas général. Mais il n'en est pas moins vrai que le lait obtenu avec ces produits doit être rangé, au point de vue de sa valeur intrinsèque et de ses qualités, avec le lait obtenu par une alimentation où entre la drêche. Les effets de ces aliments sont absolument identiques.

On les apprécie bien par comparaison. La betterave, par exemple, constitue un aliment excellent qui, à cause de sa grande richesse en eau (80 p. 100), active la sécrétion lactée en fournissant au sang une quantité d'eau plus grande, — eau que la sécrétion mammaire changera en lait. Certes, la valeur nutritive, 10 à 15 p. 100, est généralement très faible, et se trouve être d'environ un tiers de celle du foin; mais, dans une ration bien comprise, la betterave doit figurer, uniquement pour le rôle qu'elle remplit. Elle contient, en effet, du sucre qui active la sécrétion, sans que ce soit au détriment de l'animal. Le lait ainsi obtenu par la substitution de la betterave à la drêche est préférable. La partie nutritive d'une saine alimentation doit être représentée non par la drêche ou par un résidu industriel, mais par le son de froment qui contient jusqu'à 16 p. 100 de matières protéiques et donne le lait le plus stable.

C'est l'aliment le plus sain et de beaucoup le meilleur. Il a, en outre, l'avantage de fournir, au prix de 5 fr. 80, le kilogramme d'azote que, dans la farine d'orge, préconisée, jusqu'à M. A. Sanson, presque exclusivement par les auteurs français, on paye, à valeur égale, 13 francs.

L'avantage du son est surtout d'être un aliment sain, duquel on n'a jamais rien à craindre, car si les drêches, les pulpes de diffusion, les tourteaux ne présentaient leurs inconvénients particuliers, ils seraient des aliments presque aussi nutritifs et souvent plus avantageux. La drêche, en effet, fournit jusqu'à 15.05 p. 100 de matières protéiques, les tourteaux 14 p. 100 en moyenne, et le prix de revient du kilogramme d'azote est bien meilleur marché avec ces derniers aliments : le tourteau de coton l'offre à 2 fr. 17, celui de sésame à 2 fr. 98. Enfin les germes de malt ou touraillons, qui offrent 23.7 pour 100 de matières protéiques, le mettent à 1 fr. 84.

Ces chiffres ont leur éloquence.

Dans les pays de production, on doit en tenir le plus grand compte. Et d'autant plus que, si le lait ainsi obtenu est moins stable que l'autre, il peut, *quand* il y a lieu à stérilisation, équivaloir à n'importe quel lait obtenu avec une alimentation plus coûteuse. C'est pourquoi il faut se garder de dénigrer l'emploi des résidus industriels dans l'alimentation des vaches laitières.

J'ajoute que les résidus industriels ne présentent pas les inconvénients formulés par M. Raquet relativement aux épizooties.

La preuve en est dans les statistiques. Ainsi j'ai relevé dans mon livre sur *La question laitière à Paris* [1], d'après les chiffres du Service sanitaire vétérinaire de la Seine, la proportion suivante des vaches tuberculeuses :

Paris. . . . .   1 sur 480.
France. . . . .   24 sur 480.

Le chiffre de la mortalité par la tuberculose était et est donc moindre à Paris que dans les départements, où la bête ne connaît pas constamment le régime de la stabulation. Mais cela montre que M. Raquet se trompe en incriminant tout emploi des drêches. Comme tous les autres résidus industriels, la drêche peut être très utile à l'éleveur et au producteur de lait.

M. Raquet. L'observation de M. Nourry tiendrait à prouver que les drêches de distillerie sont absolument inoffensives et qu'à Paris tout cela n'est rien, car l'alimentation y est très variée; mais, dans un pays où nous n'avons pas les aliments que nous voulons, c'est plus dangereux. Messieurs, je pourrai vous citer des noms, vous donner des adresses de dix agriculteurs qui peuvent certifier ce que je dis. Dans les conditions que je vous indiquais tout à l'heure, il est impossible de faire de l'élevage.

Un jour, j'allais dans un village où les laitiers vendent leur lait pour la ville d'Amiens, et je leur fis une conférence en leur expliquant qu'ils pouvaient se servir de résidus de distillerie, mais qu'il fallait être prudent, car ces résidus contenaient des ferments qui pouvaient provoquer la mort des veaux nés de vaches nourries avec la drêche. Alors un paysan de me dire que je n'étais pas *gêné*, et que le lait de sa vache était très bon, même quand sa vache avait été nourrie avec beaucoup de drêche. J'étais un peu ennuyé d'avoir été si cru; mais je fus content quand j'entendis un autre paysan lui dire : « Tu sais bien que c'est vrai ce que dit M. Raquet; car, depuis que tu donnes de la drêche à tes vaches, je ne peux acheter tes *viaux* qui meurent. »

Voilà, Messieurs. Concluez vous-mêmes.

M. le Président. N'y a-t-il rien à ajouter ?

[1] P. 141, année 1890.

M. Sanson. Je voudrais ajouter une observation sur les drêches de distillerie : leur valeur dépend de la manière de s'en servir.

Il y a maintenant un procédé qui se répand de plus en plus et qui rend inoffensives les drêches de distillerie. C'est la dessiccation. Il en résulte aussi cet avantage, qu'elles peuvent être transportées aisément dans tous les pays.

M. le Président. Messieurs, je crois que nous avons épuisé notre programme et que nous avons terminé nos travaux. Nous nous retrouverons l'année prochaine, pendant l'Exposition universelle.

J'invite ceux qui m'écoutent et qui auraient des communications intéressantes à présenter à les faire parvenir à M. Mallèvre, secrétaire général de la Société.

Messieurs, permettez-moi de vous remercier du concours que vous nous avez apporté et de vous dire avec confiance : A l'année prochaine! (*Vifs applaudissements.*)

La séance est levée.

ANNEXE I.

La Société de l'alimentation rationnelle du bétail a organisé, le mardi 7 mars, au concours agricole de Paris, une conférence de M. Cagny, vétérinaire à Senlis, sur la mensuration des animaux par la méthode du Dr Lydtin.

Son président, M. Eugène Mir, sénateur de l'Aude, a ouvert la séance par ces quelques paroles :

Messieurs, vous connaissez le but de cette conférence. Avant de donner la parole à M. Cagny, je voudrais vous dire qu'ayant assisté au concours agricole de Hambourg en 1898, jai pu constater la faveur avec laquelle les Allemands accueillent à présent la méthode qui va vous être décrite, et que, à mon retour, j'ai pu, à titre d'essai, la faire appliquer dans deux concours de la Société d'agriculture de l'Aude. J'ajoute que les Allemands ont employé la même méthode pour l'amélioration des races porcines, et que les éleveurs qui l'ont appliquée les premiers en ont déjà retiré de grands bénéfices.

Je serais tenté de vous raconter les beaux résultats de cette méthode, que j'ai constatés en Allemagne, mais je ne veux pas déflorer le sujet, et je m'empresse de donner la parole à M. Cagny. Il va vous faire connaître le principe de la méthode. Nous nous transporterons ensuite dans l'enceinte du concours, où nous procéderons à la mensuration de quelques animaux, et notamment des animaux primés. Après les explications théoriques, vous constaterez les applications pratiques, qui constitueront une espèce de leçon de choses, du plus haut intérêt. M. Cagny a la parole.

M. Cagny :

Vous savez, Messieurs, que le but de cette conférence est de faire connaître en France les progrès réalisés dans le duché de Bade, en ce qui concerne l'amélioration du bétail, progrès que j'ai suivis depuis 1885, et surtout les moyens employés pour les obtenir.

Méthode d'amélioration. — Il y a trente à quarante ans, l'ensemble de la population bovine badoise était plutôt médiocre; on pouvait trouver dans le même troupeau des animaux de toutes robes et de toutes tailles (depuis 1^m10 jusqu'à 1^m40). Les animaux appartenant à des races de montagnes étaient en général étroits, hauts sur jambes, avec le garrot bas, l'attache de la queue élevée. Les sous-variétés locales étaient nombreuses, toutes ayant ces défauts très marqués. Il y avait dans la Forêt-Noire la petite race wœlder ressemblant un peu comme silhouette à notre race bretonne ou à la race de Jersey, et d'autres animaux plus volumineux, pie rouge ou pie noir, de la race Simmenthal. La race du Neckar, dans la plaine, en était une variété pie rouge. Au voisinage des grandes villes, les laitiers faisaient venir des animaux de choix, importés de Hollande ou de Suisse; mais, dans les arrondissements où la culture était prospère, comme ceux de Mœskirch, de Donaueschingen, les éleveurs produisaient déjà de beaux animaux.

Vers 1870, le docteur Lydtin, après entente avec quelques agriculteurs influents, prit à cœur la transformation de la population bovine.

Des conférences nombreuses furent faites dans tout le pays, et l'on disait aux éleveurs : «Si vous voulez créer un marché et attirer les acheteurs, il ne suffit pas d'amener beaucoup d'animaux, il faut encore que ces animaux ne constituent pas un mélange hétérogène; il est, au contraire, indispensable qu'ils constituent un ensemble bien homogène. Choisissez la race qui se trouve le mieux des conditions locales de climat et de nourriture, et ne produisez que celle-là. En n'exposant en vente que des individus de cette race, vous n'attirerez sur le marché que des acheteurs qui la recherchent, c'est vrai; mais vous êtes certains d'attirer ceux-là. Mettez sur un marché 100 animaux d'une race, vous pouvez faire venir les acheteurs qui la demandent; exposez au contraire 100 animaux de dix races différentes, vous avez chance de n'attirer personne, les acheteurs de chacune de ces races en particulier craignant avec raison de ne pas trouver un choix suffisant». La même idée fut développée dans des articles de journaux, dans des brochures distribuées gratuitement, et bientôt les éleveurs badois comprirent que, pour réussir, il fallait renoncer à faire de l'élevage suivant leurs fantaisies personnelles.

Après réflexions, la race choisie fut celle de Simmenthal, variétés pie rouge ou pie jaune.

Pour assurer l'unité de la production, les éleveurs commencèrent à se former en syndicats, dont les membres soumettaient leurs femelles à une inspection et à une sélection basée sur le système de mesurage que je décrirai plus loin, les registres d'inscription étant tenus par les maires et les vétérinaires. D'après la loi, les communes durent fournir aux éleveurs des tau-

reaux de choix. Un règlement indiqua les conditions de la surveillance de ces
taureaux par les vétérinaires, le nombre de vaches qu'ils peuvent saillir, leur
logement, leur entretien, etc. J'ai visité plusieurs de ces stations d'étalons et
j'ai constaté que l'organisation adoptée est simple, pratique et peu coûteuse. Le
système des taureaux communaux est aujourd'hui obligatoire dans le grand-
duché de Bade, le Wurtemberg, la Bavière, la Hesse et plusieurs provinces
de la Prusse.

Principe de la méthode. — Le docteur Lydtin s'est posé le problème suivant :
trouver un moyen pratique d'éliminer de la reproduction les reproducteurs
d'une conformation médiocre. Voici comment il a résolu la question. Les bêtes
bovines étant en somme destinées à la boucherie doivent avoir les qualités
suivantes : ligne du dessus se rapprochant de l'horizontale, grande longueur
du corps, largeur et profondeur de poitrine, largeur du bassin. Pour apprécier
ces qualités, s'en rapporter à des connaisseurs est un moyen imparfait qui
prête à la critique. C'est pourquoi le docteur Lydtin a songé à modifier la
canne-toise usitée habituellement pour mesurer la taille des animaux et à la
transformer en un instrument permettant à tous de vérifier, de contrôler les
appréciations des jurés.

La canne-toise ancienne se compose en principe d'une tige verticale et
d'une autre horizontale; celle de Lydtin comporte deux tiges horizontales

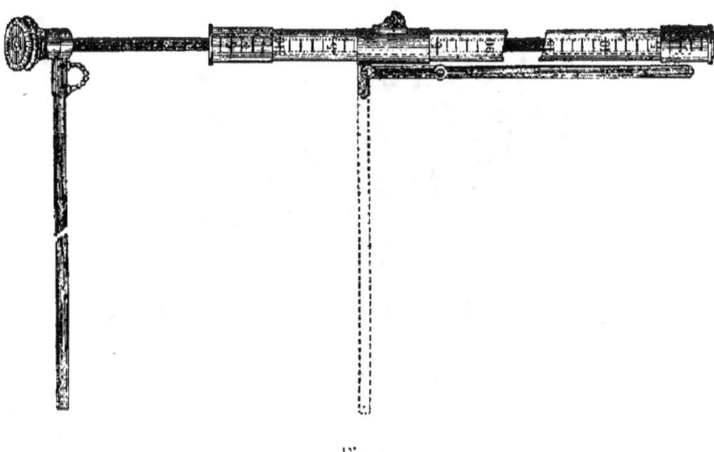

Fig. 1.

pouvant se rapprocher ou s'éloigner à volonté et permettant de mesurer la
largeur du corps (fig. 1).

Pour s'assurer que la ligne du dos se rapproche de l'horizontale (fig. 2), on prend la hauteur du corps au garrot *a*, puis au milieu du dos *b*, à l'entrée

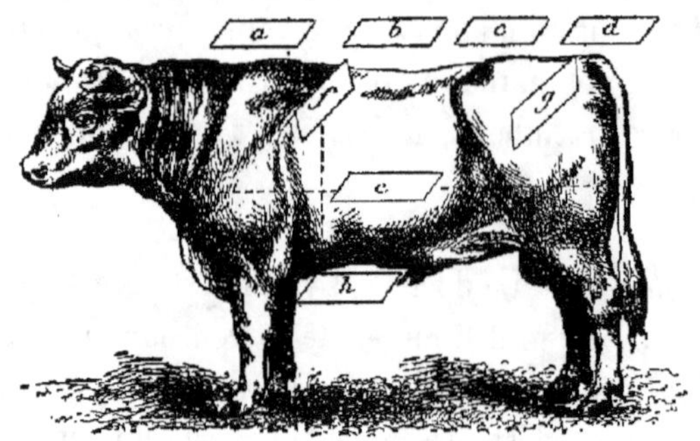

Fig. 2.

du bassin *c*, à la naissance de la queue *d*. Ensuite, en utilisant les deux tiges horizontales, on mesure la longueur du corps *e* depuis la pointe de l'épaule jusqu'en arrière de la fesse, la largeur des côtes en arrière des épaules *f*, enfin la largeur du bassin au niveau des articulations coxo-fémorales *g* et la hauteur de la poitrine *h*. Ces mensurations sont suffisantes pour la masse des animaux. Des expériences faites sur des animaux reconnus bons par les moyens habituels avaient permis d'établir au début les proportions ci-contre (fig. 3).

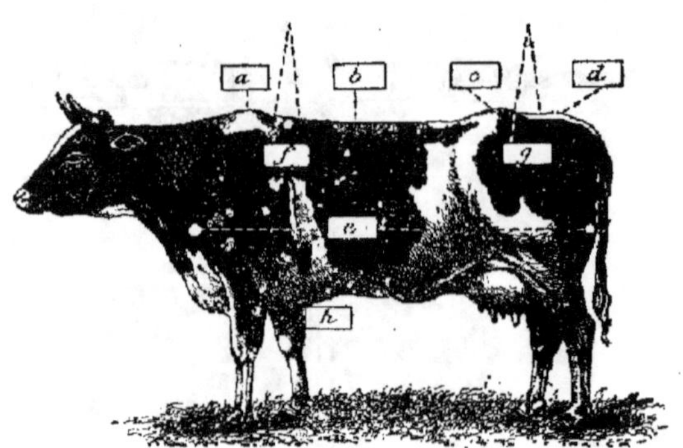

Fig. 3. — Proportions d'une bête bovine ayant une bonne conformation.

a . . . . = ...		*e* au moins égal à	*a* + 1/10 de *a*.
b au moins égal à	*a* — 0,02 cent.	*f* au moins égal à	1/3 de *a*.
c inférieur à	*a* + 0,04	*g* au moins égal à	1/3 de *a*.
d inférieur à	*a* + 0,10	*h* au moins égal à	1/2 de *a*.

Admettre que l'attache de la queue dépasse de 0 m. 10 la hauteur du garrot peut nous paraître excessif, mais il ne faut pas oublier qu'il s'agissait de bêtes de montagnes et d'animaux non améliorés.

Moyens d'application. — Voici, maintenant, comment on procédait. Les vaches et taureaux de deux ou trois communes voisines étaient convoqués à un concours. Sur la place publique de celle choisie, une barrière entourait un espace carré de 10, 15 ou 20 mètres de côté. Le public placé en dehors de la barrière pouvait suivre toutes les opérations du jury, composé d'un délégué de la Société d'agriculture badoise, d'un membre désigné par les exposants, d'un vétérinaire porteur de la canne et chargé de prendre les mesures.

Les animaux amenés par le propriétaire se plaçaient au centre, sur un plancher bien horizontal ayant 5 à 6 mètres de côté. L'animal étant bien d'aplomb, le vétérinaire prenait les mesures, les énonçait à haute voix, de façon que les membres du jury pussent les inscrire et que les assistants pussent les entendre. Avant de commencer, le vétérinaire, en quelques mots, avait exposé le principe de la méthode. Tout animal n'ayant pas les proportions moyennes était exclu et le propriétaire invité à ne pas le conserver pour la reproduction. Ceux qui avaient ces proportions étaient admis et pouvaient avoir des récompenses ; on les divisait en deux catégories : *B*, animaux n'ayant que la moyenne indiquée ; *A*, animaux s'en écartant en bien, c'est-à-dire, par exemple, pour lesquels e était supérieur à a plus 1 dixième de a. A la fin, le jury, faisant revenir tous ceux de la catégorie *A*, tenait compte des autres caractères : finesse de la peau, du squelette, etc., pour faire un classement définitif; d'autres mesures pouvaient être prises : longueur de la tête, de l'épaule, etc.

Résultats obtenus. — J'ai suivi, en 1885, une dizaine de ces concours dans diverses parties du duché de Bade et pu constater la passion avec laquelle les assistants suivaient les opérations du jury. Parfois, un propriétaire trop convaincu de la bonté de son animal protestait contre les chiffres indiqués par la toise; avec beaucoup de patience, le vétérinaire recommençait deux et trois fois, se plaçant alternativement à droite et à gauche, invitant le propriétaire à rectifier lui-même la position de l'animal.

Pour pouvoir opérer ainsi en public, il faut que les animaux soient doux, patients et tranquilles; la méthode encourage donc d'une façon indirecte, mais très réelle, la douceur, les bons soins des propriétaires, le tempérament calme des animaux et, par suite, la précocité chez ces derniers.

Une objection en apparence sérieuse peut être faite à la méthode : elle ne permet pas d'apprécier du tout les aptitudes laitières d'une vache. J'y avais songé et, pendant les concours que j'ai suivis, j'ai fait une enquête sur ce point non pas seulement auprès des partisans du procédé, mais aussi auprès des indifférents et de ceux qui me paraissaient hostiles. En réalité, les mensurations ne font pas éliminer une bonne laitière ; elles ne la mettent pas toujours au premier rang, ce qui n'est pas étonnant, mais elles la classent toujours dans le groupe des animaux de la catégorie *A*. J'ai vu, par exemple, au concours de Mannheim, une grande et forte vache pie noire, laitière exceptionnelle, connue comme telle dans le pays ; en se basant exclusivement sur les mesures indiquées, elle eût été classée seulement au troisième rang, mais dans la catégorie A. Tous ceux qui sont au courant de ces questions savent très bien que l'aptitude laitière est une qualité individuelle qui n'accompagne pas forcément la régularité de la conformation. Mais une bonne laitière est une vache mangeant beaucoup et digérant bien ; elle doit donc se faire remarquer par l'ampleur et la longueur du corps. L'avantage des mensurations est précisément de montrer que les fortes laitières, en apparence maigres et et étroites, sont en réalité mieux conformées qu'elles ne paraissent, et puis j'ai dit que, pour le classement définitif, il est tenu compte des autres caractères.

En suivant ces concours, on constate qu'en général, chez les taureaux, le bassin est moins large que chez les vaches de même taille ; cela peut s'expliquer ainsi : les taureaux ne sont généralement pas adultes d'une part, et, de l'autre, les gestations facilitent le développement du bassin ; c'est pourquoi, chez les vaches adultes, la largeur du bassin est supérieure à celle de la poitrine. J'ai fait une autre constatation qui prouve que, sur le même animal, les améliorations se font non par régions successives, mais en même temps pour toutes les régions (c'est là un exemple de plus de ce que l'on nomme la loi de *corrélation des organes*). Supposons deux vaches de même taille : sur l'une, l'attache de la queue est très haute, sur l'autre, elle l'est moins ; sans mesurer, on peut à l'avance affirmer que la largeur du bassin de la seconde est supérieure à celle de la même région de la première. On peut dire que la queue en descendant écarte le bassin pour s'y loger.

Au début, ce mode d'examen rencontra beaucoup d'oppositions, comme toutes les nouveautés, et puis il avait contre lui tous les connaisseurs, à qui des aptitudes spéciales aidées par la pratique permettaient de découvrir les animaux bien conformés, et qui voyaient là la disparition de leur supériorité. Mais, peu à peu, les avantages en ont été appréciés par les éleveurs.

A mesure que l'amélioration se constatait, il a bien fallu devenir plus difficile et changer l'échelle des proportions.

Le grand avantage de ces petits concours locaux, dont le siège variait tous les ans, a été d'en faire en réalité des leçons ambulantes de zootechnie, à peu de frais, sans déplacements notables pour les éleveurs. Les récompenses étaient peu élevées; mais on multipliait les concours de façon à pouvoir agir sur l'élevage de presque toutes les communes.

En 1886, on fit un concours général à Carlsruhe; 800 animaux de la race Simmenthal badoise, choisis parmi ceux qui avaient été récompensés dans les concours locaux, furent exposés. C'est après avoir constaté à ce concours les résultats de la méthode, que les éleveurs de Wurtemberg et ceux de la Bavière se déclarèrent convaincus et l'adoptèrent.

Depuis, la méthode est devenue obligatoire dans la Prusse orientale, l'Oldembourg, la Frise, la Suisse, le Luxembourg, la Bohême, la Hongrie.

J'ai dit que l'on devenait plus exigeant; ainsi, au début, la hauteur minimum de poitrine était 50 p. 100 de la hauteur du garrot, elle est actuellement de 52 p. 100. La largeur des côtes et du bassin était autrefois de 33 p. 100, elle est actuellement de 36 p. 100.

Ce qui prouve que la méthode des mesures est aujourd'hui adoptée par les éleveurs, qu'elle est dans leurs habitudes, c'est qu'ils ont modifié leur langage; ils ne disent plus : la tête est trop longue, l'épaule trop courte, le bassin trop étroit, la poitrine trop plate; ils disent : la tête a plus de 38 p. 100 de la hauteur au garrot, l'épaule n'a pas 42 p. 100, le bassin n'a pas 36 p. 100, la largeur des côtes n'atteint pas 50 p. 100 de cette hauteur.

Les six cantons méridionaux du duché exportent tous les ans des reproducteurs ou des bœufs de trait pour une somme de 3,675,000 francs dans l'Allemagne du Nord, l'Autriche-Hongrie (beaucoup), la Russie, l'Amérique du Sud, etc. Le prix des taureaux exportés varie de 500 à 6,200 francs; celui des jeunes vaches, de 750 à 2,250 francs; celui des génisses, de 625 à 1,500 francs.

Au point de vue de la conformation, les animaux sont devenus longs, larges, près de terre avec une ligne de dessus régulièrement horizontale, une attache de la queue au même niveau que le garrot, le pelage est devenu plus fin, plus soyeux. La peau souple est moins épaisse, bien plissée à l'encolure, le volume des os a diminué. Tous ces changements, je les ai constatés depuis 1885 sur les animaux d'élite; l'amélioration suit une marche parallèle mais plus lente, pour la masse de la population. La race est devenue plus précoce. On trouve des veaux gras de 150 kilogrammes. La viande et le lait sont de bonne qualité. Le rendement moyen à la boucherie est de 64 p. 100. Les vaches, suivant leur taille, donnent annuellement de 2,800 à 4,000 litres de lait, contenant en moyenne 43 p. 100 de beurre.

Fig. 4. — Race du Simmenthal. *Sultan*, taureau de l'Oberland badois, commune de Villingen, âgé de trois ans, 983 kilogrammes; hauteur du garrot 1 m. 54; longueur 2 m. 25; circonférence du thorax 2 m. 35.

Fig. 5. — Race du Simmenthal. Vache *Joneli*, de l'Oberland badois, commune de Donaueschingen, âgée de six ans, 760 kilogrammes; hauteur du garrot 1 m. 43; longueur 2 m. 11; circonférence du thorax 2 m. 18.

La **Société d'agriculture d'Allemagne** a chargé le docteur Lydtin et le professeur Werner, de Berlin, de faire, d'après la méthode en question, la description de toutes les races bovines d'Allemagne. Elle dépensera pour cela environ 25,000 francs. L'ouvrage paraîtra dans deux ans. Tous les dix ans, une nouvelle édition sera publiée.

Mensuration du corps des porcs par Junghans, directeur de l'École d'agriculture du Hochburg.

La canne doit être plus petite : hauteur maxima 0 m. 80, longueur maxima 1 m. 50. Les mesures les plus grandes constatées ont été : hauteur 1 m. 03, longueur 1 m. 35.

1, ligne du dos (*a*, garrot, *b*, croupe); 2, longueur de poitrine; 3, largeur de poitrine; 4, largeur du bassin; 5, profondeur de poitrine; 6, longueur de tête. Voici les proportions admises :

1 b ne doit pas être plus grand que 1 $a + 0{,}05$
2 ne doit pas être moins grand que 1 $a + 4/10\ a$
3   —   — $+ 5/10\ a$
4   —   — $+ 9/10\ a$
5   —   — $+ 6/10\ a$

On fait des proportions différentes suivant les diverses variétés et leurs degrés d'amélioration :

Ainsi, pour les races anglaises, on admet :

Longueur du corps est au moins................... 1,40 de la hauteur.
Largeur de poitrine.......................... 0,50
Largeur du bassin.......................... 0,45
Profondeur de poitrine. 0,60
       Le TOTAL doit être...................... 2,95 de la hauteur.

Au concours de Stuttgard, le prix d'honneur des porcs a été obtenu par un animal âgé de deux ans onze mois, ayant une hauteur de 0,82 au garrot. Voici ses proportions :

Longueur.................... 1,26 soit 1,53 la hauteur.
Largeur de poitrine........... 0,34 — 0,53
Largeur du bassin........... 0,42 — 0,51
Profondeur. .... 0,58 — 0,70
      TOTAL.................... 3,27 la hauteur au lieu de 2,95.

Application aux races françaises. — Il y a bien longtemps déjà que l'on a proposé le système des mensurations pour distinguer les animaux bien conformés de ceux qui ne le sont pas, et cela quel que soit leur état d'engraissement. Le docteur Lydtin a eu le mérite de prouver que cette méthode était pratique, et il l'a prouvé non pas seulement parce qu'il a modifié la cannetoise employée jusqu'à présent pour mesurer uniquement la hauteur du garrot des animaux, mais surtout parce qu'il a su choisir les régions du corps qu'il fallait mesurer pour avoir des indications utiles.

Une bête bovine, quelle que soit sa destination : production de travail, de lait, de viande, doit manger beaucoup, bien digérer ; par conséquent, elle doit avoir un abdomen ample, une poitrine large dans l'intérieur de laquelle cœur et poumons peuvent se développer facilement.

Vétérinaire, le docteur Lydtin a profité de ses connaissances anatomiques pour indiquer d'une façon précise les points fixes permettant de constater le développement de la poitrine et de l'abdomen des animaux exposés ; il n'a pas oublié que, pour les reproducteurs et surtout pour les femelles, la largeur du bassin est à prendre en grande considération.

Il a montré aussi que la méthode était applicable pour l'amélioration des races porcines ; j'ajouterai qu'elle serait également utile pour l'amélioration des races ovines, surtout de celle des Causses entretenues pour la production du lait.

Pour l'application, il faut distinguer deux choses : 1° le système allemand actuel, consistant à classer les animaux dans les concours, presque exclusivement d'après des mesures prises sur toutes les parties du corps. Il y a là une préoccupation de l'exactitude et une minutie qui est dans le goût allemand, mais qui ne serait pas acceptée en France; 2° il y a aussi la méthode primitive, se bornant à l'emploi de quelques mesures principales et permettant en peu d'années d'améliorer sérieusement une population bovine. Peu compliquée, elle pourrait être acceptée dans notre pays par les éleveurs et leur rendre des services.

Jusqu'à présent, pour améliorer le bétail, on s'est contenté de faire des concours, des expositions, où sont mis en évidence les animaux les mieux conformés, où sont récompensés les éleveurs habiles et expérimentés qui ont produit ces animaux. C'est bien; mais ce n'est pas suffisant. C'est ce que je nomme l'*enseignement supérieur de la zootechnie;* car, par la force des circonstances, la grande masse des éleveurs ne peut profiter de ces *leçons de choses.*

La méthode de mensuration, réduite aux indications que j'ai données, fournit le moyen d'organiser l'*enseignement primaire de la zootechnie.*

Indiquant au public intéressé, d'une part, les animaux bien conformés qu'il faut conserver pour la reproduction, d'autre part, les animaux médiocres ou mauvais qu'il faut éliminer, faisant voir et comprendre pourquoi les uns sont bons, les autres médiocres ou mauvais, elle permet de faire l'amélioration *par en haut et par en bas.*

Il y a précisément là un côté de la question qui me paraît avoir été trop négligé jusqu'ici dans notre pays.

Ce qui fait la valeur d'une race et la richesse de ses producteurs, ce n'est pas un nombre plus ou moins considérable d'animaux d'élite avec un ensemble médiocre : c'est, au contraire, une production dont la moyenne est bonne.

Voilà ce qu'il faut chercher à obtenir.

C'est pour arriver à ce résultat qu'il faut multiplier les moyens d'enseignement. Lorsque l'on aura amélioré d'une façon notable la moyenne des animaux, il n'y aura qu'à laisser faire les intéressés; les éleveurs habiles auront bien vite, par sélection, créé des variétés d'élite que l'on récompensera dans les concours et les expositions. Ces éleveurs-là n'ont pas besoin de leçons, ni de conseils.

Supposons que l'on organise des concours où seraient seulement convoqués les animaux d'une seule commune ou des communes voisines (la dépense d'organisation serait minime, les frais pouvant être peu élevés); les propriétaires assistant aux opérations du jury, voyant le vétérinaire, porteur de la canne, mesurer les diverses régions du corps de chaque animal, pourront faire des comparaisons et comprendre rapidement les avantages d'une bonne conformation.

Les sociétés d'agriculteurs, les propriétaires cultivant par métayage feraient faire un sérieux progrès à l'agriculture en cherchant à multiplier ces leçons de *zootechnie populaire.*

On parle toujours beaucoup de l'enseignement populaire agricole : voilà un moyen à signaler.

Pour compléter l'action de ces concours communaux, les sociétés qui mettent des taureaux à la disposition des éleveurs pourraient essayer ceci :

1° Exiger des éleveurs chez lesquels ces reproducteurs (choisis d'après la méthode des mensurations) sont mis en station, que toutes leurs vaches aient au moins une bonne conformation moyenne prouvée par la mensuration, c'est-à-dire qu'elles méritent au moins d'être classées dans la caté-gorie B;

2° Accorder la saillie gratuite aux vaches les mieux conformées de la localité. Car c'est là un côté avantageux de la méthode : elle met en évidence non pas la beauté absolue, mais la beauté relative des animaux. Elle indique quels sont les moins mauvais dans chaque localité; elle permet donc de faire de la sélection locale, méthode bien plus pratique que l'amélioration par croisement ou par importation (exception faite pour les éleveurs riches, dans certaines conditions).

Cette institution d'un certain nombre de saillies gratuites obligerait les sociétés à donner une subvention aux détenteurs de taureaux pour les indemniser de la perte subie par le non-payement de ces saillies; mais cette dépense serait bien compensée par l'augmentation de la richesse locale.

Cette faveur de la saillie gratuite pourrait être justifiée par la raison suivante :

Le service rendu à l'éleveur par la saillie d'un bon taureau est moins grand et doit, par conséquent, être payé moins cher si la vache est elle-même bien conformée que si elle est défectueuse, puisque, dans le premier cas, la vache apporte, pour sa part, de plus grandes chances de réussite.

En multipliant ces concours communaux, en les faisant précéder ou suivre d'une causerie familière (je dis causerie, et non pas leçon ou conférence) faite par les vétérinaires sur les avantages de la bonne conformation, on arriverait vite à modifier avantageusement la moyenne de la population bovine d'un canton ou d'une région plus étendue.

Je ne saurais trop répéter ce que j'ai dit plus haut. Voilà le but que doivent chercher à obtenir les sociétés d'agriculture. Il est inutile de vouloir faire plus. Espérer arriver à augmenter beaucoup le nombre des animaux d'élite par une action directe est une erreur.

La production des animaux de choix exige beaucoup de choses qui ne sont pas réalisables partout en agriculture : sélection sérieuse des reproducteurs, alimentation riche, ensemble des conditions hygiéniques, etc.

Mais produire des animaux ayant une conformation moyenne est à la portée de presque tous les éleveurs; du moment qu'on leur indique des reproducteurs remplissant ces conditions, ils peuvent réussir et constater que l'élevage des produits obtenus est plus rémunérateur.

Du jour où la qualité moyenne de la population bovine locale aura été ainsi améliorée, les éleveurs habiles du pays, trouvant un plus grand choix de bons animaux, auront bien vite, par sélection, créé des variétés d'élite, dont les individus deviendront tous les jours plus nombreux. Il n'y a pas d'inquiétudes à avoir sur ce point, ils produiront de mieux en mieux, parce qu'ils trouveront plus facilement autour d'eux des animaux, c'est-à-dire des matériaux de bonne qualité pour leur industrie.

Pour ceux que préoccupe surtout la production du bœuf de travail (qui doit, lui aussi, être un jour engraissé), j'ajouterai que les éleveurs badois ont prouvé dans des concours que leurs animaux améliorés pouvaient fournir un travail au moins égal à celui des bœufs de Bohême et de Hongrie très renommés en Allemagne, et qu'ils sont arrivés à obtenir la fourniture de grandes distilleries saxonnes qui achetaient autrefois en Bohême et en Hongrie.

Comme la péripneumonie contagieuse était fréquente sur les bœufs bohémiens et hongrois, que, dans le duché de Bade, au contraire, cette maladie a disparu complètement depuis plusieurs années, grâce à la bonne organisation du service sanitaire vétérinaire, un syndicat composé de distillateurs saxons et d'éleveurs badois a été formé, les Saxons s'engageant à n'acheter qu'au Badois, ceux-ci s'engageant à ne leur vendre que des animaux bien conformés ayant une bonne origine et soumis à la surveillance sanitaire indiquée par la loi badoise. Depuis plusieurs années, ce syndicat fonctionne à la grande satisfaction des deux parties.

Cette proposition de l'organisation de l'enseignement populaire de la zootechnie me paraît venir à son heure. Il y a deux jours en effet, un des membres du Syndicat de la boucherie de Paris disait à la Société des agriculteurs d

France : « Le nombre des animaux défectueux amenés sur le marché de La Villette est trop considérable ; les bouchers payeraient plus cher s'ils trouvaient meilleure conformation. » Et il ajoutait : « Il faudrait que le Gouvernement fasse pour les taureaux comme pour les étalons, c'est-à-dire que les taureaux autorisés puissent seuls être utilisés pour la reproduction. » (*Applaudissements.*)

Après sa conférence, M. Cagny, sur la proposition de M. Mir, parcourt diverses parties de la section des bovins reproducteurs, et, devant ses auditeurs, il mesure plusieurs des animaux exposés. Voici les résultats obtenus :

MESURES du CORPS.	TAUREAU GASCON. — 2° prix.	TAUREAU GASCON. — 1er prix.	TAUREAU DURHAM. — Non primé.	VACHE LIMOUSINE. — Prix d'honneur.	TAUREAU PARTHENAIS. — Prix d'honneur.	TAUREAU DURHAM. — Prix d'honneur.
Hauteur au garrot..	1m 385	1m 32	1m 315	1m 235	1m 38	1m 46
Hauteur au milieu du corps........	1m 32 doit être supérieure à 1m 365	1m 26 doit être supérieure à 1m 30	1m 305 doit être supérieure à 1m 295	1m 215 doit être supérieure à 1m 215	1m 335 doit être supérieure à 1m 36	1m 445 doit être supérieure à 1m 425
Hauteur à la hanche.	1m 335 doit être inférieure à 1m 342	1m 335 doit être inférieure à 1m 375	1m 35 doit être inférieure à 1m 355	1m 265 doit être inférieure à 1m 275	1m 39 doit être inférieure à 1m 42	1m 44 doit être inférieure à 1m 50
Hauteur à la queue.	1m 42 doit être inférieure à 1m 395	1m 36 doit être inférieure à 1m 42	1m 32 doit être inférieure à 1m 41	1m 30 doit être inférieure à 1m 335	1m 38 doit être inférieure à 1m 48	1m 465 doit être inférieure à 1m 56
Longueur du corps.	1m 80 doit être supérieure à 1m 528	1m 73 doit être supérieure à 1m 45	1m 81 doit être supérieure à 1m 44	1m 545 doit être supérieure à 1m 358	1m 75 doit être supérieure à 1m 51	2m 04 doit être supérieure à 1m 60
Largeur de la poitrine.........	0m 57 doit être supérieure à 0m 47	0m 545 doit être supérieure à 0m 44	0m 55 doit être supérieure à 0m 49	0m 595 doit être supérieure à 0m 40	0m 66 doit être supérieure à 0m 46	0m 66 doit être supérieure à 0m 48
Largeur de la croupe.	0m 55 doit être supérieure à 0m 47	0m 56 doit être supérieure à 0m 44	0m 60 doit être supérieure à 0m 49	0m 485 doit être supérieure à 0m 40	0m 56 doit être supérieure à 0m 46	0m 605 doit être supérieure à 0m 48
Hauteur de la poitrine.........	0m 75 doit être supérieure à 0m 69	0m 76 doit être supérieure à 0m 76	0m 755 doit être supérieure à 0m 65	0m 755 doit être supérieure à 0m 60	0m 775 doit être supérieure à 0m 69	0m 88 doit être supérieure à 0m 73

Pour chaque animal examiné, on a indiqué au-dessous de la mesure obtenue celle correspondante à une bonne conformation moyenne, calculée d'après l'échelle des proportions indiquées page 110.

Les conditions défectueuses dans lesquelles M. Cagny a opéré (inégalité du sol, affluence du public) n'auraient pas permis de prendre des mesures assez exactes pour faire un classement réel. Il aurait fallu placer les animaux sur une aire en ciment ou tout au moins en planches. Mais, cependant, il était possible de voir l'application pratique du principe, et puis des chiffres obtenus résulte la constatation suivante : les animaux examinés sont, en général, très remarquables par la longueur de leur corps, la hauteur et la largeur de leur poitrine ; les deux durhams sont, en tout, supérieurs aux autres. Mais tous, à des degrés divers, sont défectueux au point de vue de la largeur du bassin et de la rectitude de la ligne du dessus (dos creux, croupe trop haute). Ces imperfections sont même plus prononcées que l'examen à l'œil nu ne le faisait supposer.

ANNEXE II.

ÉTUDE SUR L'ENGRAISSEMENT DU PORC

DANS

LA COMMUNE DE PEXIORA (AUDE),

PAR M. SABLAYROLLES,

INSTITUTEUR PUBLIC [1].

INTRODUCTION.

La nature du sol dans la plaine de Castelnaudary, et notamment dans la commune de Pexiora, étant éminemment propre à la culture du maïs, je m'imagine qu'on a dû songer de bonne heure à l'engraissement du porc dans cette région. Cette opération, qui procure d'excellents résultats, permet en outre, nous le verrons plus loin, de donner au maïs un prix très rémunérateur, même dans les années où cette céréale est très abondante. Quoi qu'il en soit, Pexiora est renommé depuis longtemps pour ses saucisses et son commerce de charcuterie; j'espère pouvoir démontrer que cette réputation n'est pas surfaite.

MOEURS LOCALES.

La majeure partie des habitants de Pexiora se livrant exclusivement au commerce, il en résulte entre eux de nombreux échanges d'argent : on emprunte, on prête, tout cela de bonne grâce, sans intérêt aucun, à titre de réciprocité, mais pour un temps relativement court. Je ne connais rien de plus charmant que ces économies des uns allant de bourse en bourse favoriser le commerce des autres et leur permettre de réaliser des économies à leur tour.

Toutefois, à l'approche du mois de septembre, chacun tient à rentrer dans

[1] Cette monographie a été l'objet de la première récompense au concours établi par la Société centrale de l'Aude entre les instituteurs du département, et d'une médaille de bronze décernée par la Société nationale d'encouragement à l'agriculture au concours régional agricole de Carcassonne des 23-25 mai 1899.

ses fonds. Dame, c'est la foire à Cazères! Si vous êtes encore débiteur, exécutez-vous sans retard, sans quoi vous risqueriez de vous fermer certaines portes pour toujours!

Beaucoup, en effet, qui consacrent un fonds de roulement à leur commerce, ne consentiraient que difficilement à toucher au capital réservé. Mais chacun est fixé d'avance, et il est bien rare que des difficultés viennent de ce côté.

LES FOIRES DE CAZÈRES.

C'est donc foire à Cazères.

Cazères est un charmant petit chef-lieu de canton situé sur la Garonne, à 35 kilomètres de Muret et à 55 kilomètres de Toulouse. Il s'y tient une foire tous les mois. Celle du mois de septembre est presque un événement pour les habitants de Pexiora qui se livrent à l'engraissement des porcs; c'est là de préférence, en effet, ou à Montesquieu-Volvestre que chacun va faire ses achats; car, il est temps de le dire, parmi les nombreux cochons engraissés et abattus chaque année à Pexiora, pas un n'a vu le jour dans la commune; les habitants font de l'engraissement et non de l'élevage, qui, essayé jadis, était loin de leur donner le même revenu.

RACES ACHETÉES.

Les cochons sont élevés dans la région de Cazères, Fousseret, Foix, Montesquieu-Volvestre, Daumazan. Les verrats sont blancs et originaires de l'Ariège; les truies, noires, proviennent des environs de Montauban. Les produits obtenus par cet accouplement donnent les meilleurs résultats [1]. On a ainsi des cochons généralement de couleur pie, à conformation régulière, robustes, supportant très bien la nourriture et, ajoute celui qui veut bien me fournir ces renseignements, paraissant toujours gras, même sans l'être, précieuse qualité, on en conviendra, pour le coup d'œil sur un marché. Aussi nos engraisseurs n'hésitent-ils pas à faire chaque année un voyage d'une centaine de kilomètres pour se procurer des cochons de cette bonne race, sûrs d'avance de rentrer largement dans leurs débours.

[1] Pour le savant zootechnicien M. Sanson, ces verrats se rattachent au *Sus celticus*, et ces truies, au *Sus ibericus*.

LE DÉPART POUR LA FOIRE ET L'ACHAT.

Ils partent la veille par groupes de trois ou quatre, tous disposés à s'entr'aider, la bourse bien garnie, le cœur rempli d'espoir.

Le rêve de Perrette n'est rien, comparé à ceux que font ces braves gens, rêves qui, disons-le en passant, se traduisent le plus souvent par de superbes réalités. Les voici arrivés... Bon! le champ de foire est largement approvisionné. Un coup d'œil sur l'ensemble et on entre aussitôt en relations avec les éleveurs. L'habitude leur permettant d'opérer rapidement, les affaires sont vite conclues. Chacun achète huit, dix, quinze porcs, qui, aussitôt, sont conduits à la gare et expédiés sur Pexiora.

LE RETOUR.

Un télégramme adressé à la famille a déjà fait connaître l'heure du retour. Bien avant cette heure, femmes et enfants se trouvent à la gare, attendant avec impatience le train qui doit ramener, avec celui qui les conduit, les nouveaux pensionnaires en robes de soies. Le train est signalé, il arrive enfin et le débarquement a lieu presque aussitôt. Complètement dépaysés, ahuris, harassés de fatigue, ces pauvres animaux n'ont guère l'air de prendre part à l'ovation qui leur est faite. C'est tout au plus s'ils peuvent marcher pour se laisser conduire à leur nouveau domicile, où les attend, avec une litière bien sèche, un cordial qui les remettra des émotions et des fatigues du voyage. Les bonnes bêtes ne tardent pas à se coucher pour s'endormir profondément. C'est à ce moment précis que commence l'engraissement.

COMPTABILITÉ.

Avant d'aller se reposer lui-même, le premier soin du propriétaire est de prendre un carnet, qui lui servira tout à la fois de brouillon et de grand livre, et sur lequel il notera au fur et à mesure, avec les dépenses de la journée, celles qu'il fera jusqu'à la vente des cochons. Il lui sera facile, par ce moyen, de se rendre un compte exact du bénéfice réalisé.

J'ai eu la bonne fortune de pouvoir me procurer plusieurs de ces carnets, dont quelques-uns remontent à vingt-cinq ans. Les dépenses et les recettes y sont consignées avec un soin minutieux, et certains d'entre eux accusent des résultats surprenants. Si je ne craignais de blesser ici la modestie de celui qui a bien voulu me les communiquer, je ferais connaître, avec son nom, le montant de sa fortune, qui ne s'élève pas à moins de 100,000 francs. Mais ce que je trouve de plus précieux pour moi, dans ces notes, c'est qu'elles me permettent de fournir dans ce mémoire des chiffres authentiques, basés sur une moyenne de plusieurs années consécutives.

NOURRITURE DES COCHONS.

Sortons maintenant des généralités, et voyons comment se pratique l'engraissement proprement dit.

Rien n'est plus facile à nourrir que ces bonnes bêtes : deux rations par jour, l'une à 8 heures du matin, l'autre à 5 heures du soir, suffisent.

Au début de la période d'engraisssment, lequel dure environ trois mois et demi, la ration se compose de 3 litres de farine de maïs délayée dans de l'eau froide.

Cette ration augmente progressivement et peut atteindre 5 litres, sans jamais les dépasser. Cette différence dans les rations du début et de la fin permet d'habituer les cochons à ce régime nouveau pour eux. Dans leur pays d'origine, en effet, ils ne mangeaient guère que des navets, des pommes de terre et des glands, toutes substances beaucoup moins nutritives que le maïs. En somme, la moyenne de la consommation journalière est évaluée à 8 litres de grain. Un peu de son de blé est mélangé aux rations du début, afin de rendre à ces animaux la digestion plus facile.

SOINS DE PROPRETÉ.

Toutefois, pour obtenir de bons résultats, il ne suffit pas de bien nourrir les porcs. Ces animaux exigent des soins de propreté qu'un proverbe bien connu ne fait nullement soupçonner. La litière doit être renouvelée deux fois par jour et le fumier enlevé deux fois par semaine. De plus, les porcs étant sujets à des maladies de peau, il est bon, de temps à autre, de les conduire à un cours d'eau, où ils ne manquent pas de se baigner, ou, à défaut, de les laver soi-même à grande eau.

Tels sont les soins à prendre pour mener l'engraissement à bonne fin.

CE QUE COÛTE UN PORC ENGRAISSÉ.

Il résulte de l'étude à laquelle je me suis livré, avec de nombreux documents en mains, que le poids moyen d'un cochon destiné à l'engraissement,

et acheté à Cazères, est de 125 kilogrammes, et qu'il se paye o fr. 80 le kilogramme. Ce qui donne :

o fr. 80 × 125 = 100 fr. Ci........................ 100ᶠ oo

Un wagon, formé à Cazères et contenant 30 cochons, coûte,
rendu à Pexiora, 70 francs. Ce qui élève le prix d'un cochon à 3 francs environ, y compris les dépenses de l'acheteur. Ci.. 3 oo

Ce même cochon, suivant le régime indiqué plus haut, pendant une période de 3 mois 1/2 ou 105 jours, aura
dépensé 8ˡ. × 105 = 8ʰ,40 de maïs. *Le prix moyen du*
maïs pris sur le marché de Castelnaudary étant de 9 francs
l'hectolitre, la dépense s'élèvera à 9 fr. × 8,40 = 75 fr. 60   75 6o

Il convient d'ajouter à cette dépense 10 francs environ de
son de blé. Ci................................. 10 oo

Ce qui donne un total de dépenses de..... 188ᶠ 6o

CE QU'IL VAUT UNE FOIS GRAS.

Voyons maintenant ce que doit peser le cochon après avoir consommé
8 hectol. 40 de maïs et pour 10 francs environ de son de blé.

Au début, presque toujours, le poids du porc à l'engrais augmente de
1 kilogramme par jour et cela pendant deux et même trois mois, et quelquefois même pendant tout le temps que dure la période d'engraissement. En
dernier lieu, il mange un peu moins, et l'augmentation se ralentit ; cependant
on peut encore l'évaluer à 800 grammes environ par jour, ce qui donne un
accroissement total de 100 kilogrammes, lesquels ajoutés au poids primitif,
représentent un poids total de : 125 + 100 = 225 kilogrammes. Avec un prix
de vente de 50 francs le quintal ordinaire [1] (on a eu atteint 55, 60, 65
et même 70 francs, mais ce sont là des exceptions, et je parle toujours de la
moyenne), cela donne :

1 fr. × 225 = 225..... 225 francs.
Bénéfice net : 225 fr. — 188,60 = 36 fr. 40.

Comme il n'est pas rare de voir des propriétaires engraisser 15, 20 et 30
cochons, il en résulte que, dans trois mois, une personne peut facilement gagner
un millier de francs. Il convient d'ajouter à ce résultat, déjà fort joli, la valeur

[1] Le quintal ordinaire, ou quintal du pays, vaut 50 kilogrammes.

du fumier produit, valeur qui ne se calcule guère, mais dont le propriétaire retrouve tous les avantages dans le rendement de ses terres.

J'ai dit, en commençant, que l'engraissement des porcs permettait de donner au maïs un prix très rémunérateur. En effet, le cochon a coûté 100 francs et a été vendu 225 francs. Bénéfice net 125 francs ou 115 francs, en retranchant les 10 francs de son. Donc 8 hectol. 40 environ de maïs ont rapporté 115 francs, ce qui donne pour le prix moyen d'un hectolitre $\frac{115}{8,40} = 13$ fr. 70 par excès.

Telle est l'opération pratiquée par la plupart des habitants de Pexiora; mais j'ai hâte d'ajouter que quelques-uns font mieux que cela: je veux parler de ceux qui se livrent à l'industrie des salaisons.

INDUSTRIE DES PORCS SALÉS.

L'industrie des porcs salés est plus avantageuse encore et a permis à certains qui l'ont exercée de bonne heure, et sur une assez vaste échelle, de réaliser une fortune considérable.

En effet, saignons, au lieu de le vendre vivant, le cochon qui vient de nous donner un bénéfice de 36 fr. 40. D'après les documents précis, qui m'ont été fournis par les hommes les plus compétents, qui abattent ici, chaque année, jusqu'à 100 et 150 cochons, l'animal, dont nous avons évalué le poids à 225 kilogrammes, doit produire 170 kilogrammes de viande :

Saucisse	45 kilogr.
Lard	60
Cansalade ou petit lard	25
Graisse	28
Saindoux	10
Foie	2
Total	170

Les frais occasionnés pour la préparation et la conservation de 170 kilogrammes de viande sont évalués à 15 francs, savoir :

Frais d'abatage	2f 50
Sel	2 00
Poivre	1 25
Main-d'œuvre (4 journées de femmes non nourries)	8 00
Bois	1 25
Total	15f 00

SOINS À DONNER AUX SALAISONS.

La viande, une fois salée et aspergée de poivre, doit être placée dans un appartement sec et bien aéré, où elle séjournera un mois environ. Au bout de ce temps, on la lave à grande eau et la suspend ensuite dans la même pièce pendant une quinzaine de jours. Après quoi, on la dépose dans des caisses, à l'abri de l'air, afin qu'elle conserve la belle couleur jaune qu'elle a acquise en séchant. Elle devient alors de très bonne garde et peut être livrée au commerce, où elle fera l'admiration des connaisseurs.

Carcassonne, Limoux, Bize, Siran, Azille, Coursan, Béziers, etc., sont, pour nos industriels, les principaux débouchés de cette marchandise.

En séchant, la viande perd considérablement de son poids primitif. C'est ainsi qu'on a calculé que la saucisse perdait 30 p. 100 environ, le lard 10 p. 100, et le petit lard, qui contient plus de maigre, 12 p. 100. La graisse et le saindoux n'éprouvent aucun déchet. Le foie diminue de 50 p. 100. De sorte que notre porc salé devra nous donner approximativement les résultats suivants (*en chiffres ronds*) :

45 kilogrammes de saucisse moins le 30 p. 100..............	32 kilogr.
60 kilogrammes de lard moins le 10 p. 100..............	54
25 kilogrammes de petit lard moins 12 p. 100..............	22
28 kilogrammes de graisse (pas de déchet)..............	28
10 kilogrammes de saindoux (pas de déchet)..............	10
2 kilogrammes de foie moins 50 p. 100..............	1
POIDS TOTAL de viande sèche..............	147 kilogr.

La viande, ainsi préparée, se vend, en moyenne :

Saucisse : 1 fr. 80 la livre de 500 gr., soit 1,80 × 64.....	115ᶠ 20ᶜ
Lard : 0 fr. 85 la livre, soit 0,85 × 108..............	91 80
Petit lard : 0 fr. 75 la livre, soit 0,75 × 44..........	33 00
Graisse : 0 fr. 80 la livre, soit 0,80 × 53..........	42 00
Saindoux : 0 fr. 80 la livre, soit 0,80 × 20..........	16 00
Foie : 2 fr. la livre, soit 2 × 1..................	2 00
TOTAL..................	300ᶠ 00ᶜ

Il convient d'ajouter à ce prix 10 francs environ, provenant de certaines parties du déchet primitif, qui s'utilisent immédiatement; telles que les pieds, la tête dont on fait des *fritons*, le sang avec lequel on fait des boudins et les os frais, que les pauvres de l'endroit achètent, et avec lesquels ils préparent encore d'excellentes soupes. Ces 10 francs ajoutés portent le prix ci-dessus à 310 francs. Si des 310 francs réalisés nous retranchons les 15 francs de frais calculés plus haut, il reste : 310 − 15 = 295 francs. Si de ce chiffre, nous défalquons les 100 francs du prix d'achat, l'animal laisse un bénéfice total de : 295 − 100 = 195 francs.

Il est donc aisé de se rendre compte, d'une manière approximative, du bénéfice réalisé par ceux qui abattent et salent, chaque année, 80, 100 ou 150 cochons. En multipliant 195 par 80, 100 ou 150, on a, en chiffres ronds : 15,000, 20,000 et 30,000 francs. Sans doute, il faut retrancher de ce bénéfice brut, les frais de déplacement, d'expéditions, de voyages, de charrettes, de chevaux, de nourriture, de droits, etc. Mais en admettant que ces frais diminuent le bénéfice de moitié, il n'en reste pas moins encore de fort respectables revenus de : 7,000, 10,000 et 15,000 francs. C'est bien là, en effet, le gain qu'ont dû faire bon an, mal an, MM. X. et Y., de Pexiora, depuis leur entrée dans le commerce.

MONOGRAPHIES SUCCINCTES.

Il y a à peine trente ans que MM. X. et Y. allaient, sur les campagnes voisines, travailler la terre, à 25 ou 30 sous par jour. L'idée leur vint, à eux aussi, d'engraisser des porcs : peu d'abord, 8, 10 seulement, et encore l'un d'eux fut-il obligé d'emprunter la mise de fonds (c'est là un fait dont il tire gloire aujourd'hui et qu'il raconte couramment). Les débuts ayant été très bons (on gagnait alors beaucoup plus qu'aujourd'hui), le nombre des porcs engraissés s'accrut rapidement. De plus, X. et Y. s'adonnèrent presque aussitôt à l'industrie des salaisons. Ce sont eux qui, aujourd'hui encore, abattent et salent, annuellement, jusqu'à 100 et 150 cochons chacun. Indépendamment de cela, ils achètent, chaque année, un millier de lards et autant de jambons qu'ils écoulent à bénéfices sur les marchés du bas Languedoc. Grâce à l'état de prospérité de cette industrie, ces messieurs, dont nous venons de dire les débuts modestes, ont pu devenir possesseurs de très belles terres situées sur le territoire de la commune de Pexiora.

Nous nous hâtons d'ajouter, du reste, que MM. X. et Y. n'en sont pas plus fiers pour cela, et que l'un et l'autre sont, au contraire, restés d'un abord facile et d'un commerce charmant.

CONCLUSION.

.Tels sont les résultats qu'il est permis d'espérer en s'adonnant à l'industrie du porc dans ma commune. Est-ce à dire qu'il suffise de le tenter pour réussir? Non, sans doute. Ils ne sont pas rares, non plus, ceux qui ont éprouvé des déceptions et dépensé, en quelques années, un héritage péniblement amassé. C'est qu'ici, comme partout ailleurs du reste, les conditions de réussite sont nombreuses et difficiles à réunir; deux surtout, qui paraissent être à la portée de tous, font le plus souvent défaut :

La *prévoyance* et l'*économie*.

Pexiora, le 14 octobre 1898.

L'Instituteur public,

H. SABLAYROLLES.

ANNEXE III.

Après une visite que nous avons faite cet hiver au Boullcaume (Oise), ch
M. le v^te Arthur de Chezelles, où nous avions remarqué : 1° que tous
fourrages sont ensilés; 2° que tout ce que mangent les animaux est haché
mélangé, nous avions désiré présenter à nos lecteurs une note détaillée q
nous avons demandé à cet éminent agriculteur, sur la manutention du Bou
leaume. Au lieu de cette note qui eût été pleine d'intérêt, M. de Chezell
nous adresse cette simple lettre, « sans prétention ». Nous l'en remercions, to
en regrettant qu'il n'ait pas fait violence à sa modestie pour nous faire co
naître en détail ses remarquables installations, ses méthodes d'alimentatio
et les avantages que son habile manutention lui procure.

E. M.

Cher Monsieur,

Je viens, tout simplement et sans prétention aucune, répondre en quelques mots à
lettre que vous avez bien voulu m'adresser et ayant pour but de connaître ce que je fa
dans mes fermes du Boullcaume pour la préparation des nourritures des animaux. Ayan
reconnu qu'une manutention était indispensable dans une ferme, j'en ai installé une, aus
simple et aussi complète que possible, en réunissant dans le même bâtiment tous les instru
ments de coupage, de broiement, d'aplatissement, de mouture et même de blutage, af
de diviser le son, pour donner le fin aux ruminants et le gros aux brebis et agneaux.

Pour une petite et moyenne exploitation, cette manutention doit être mue par un simpl
manège à un cheval, ou par une force plus grande si l'on veut faire marcher plusieurs d
ces instruments à la fois. Pour une exploitation d'une certaine importance, il faut utilise
la vapeur, et, là où il n'y a ni distillerie, ni sucrerie, il faut ajouter aux instruments ci
dessus un laveur de betteraves et un coupe-racines. Chez moi, dans une pièce voisine d
la manutention, j'ai installé une tondeuse mécanique de la maison Bariquand, de Paris, e
mue à la vapeur. Cette tondeuse de 250 francs rend les plus grands services, tant pour l
tonte des moutons que pour celle des chevaux et bêtes à cornes.

Je considère une manutention comme absolument nécessaire pour hacher les nourritures
et les mélanger. Au Boullcaume, les chevaux, les moutons, les bœufs, les vaches ne mangent
que des fourrages ensilés, hachés et mélangés avec de la paille d'avoine pour tous les ru
minants et avec de la paille de blé pour les chevaux. J'ai constaté non seulement une éco
nomie considérable à hacher ainsi la nourriture, mais aussi un très bon état d'entretien
chez tous les animaux.

Dans une culture où il ne se trouve qu'un nombre assez restreint d'animaux, on voit souvent les greniers se vider rapidement et, pour peu que l'hiver se prolonge, la nourriture faire défaut. On pare à cet inconvénient par les coupages qui permettent de mieux réglementer la nourriture et de ne rien perdre. Quant à la distribution pour les repas de chaque genre de bétail, c'est au maître qu'incombe le soin de déterminer le poids des bottes de coupage et mélange à donner. Une manutention est donc absolument indispensable pour hacher les nourritures destinées à n'importe quelle catégorie d'animaux.

Quant à l'ensilage des verdures, cette question me touche de très près, car je crois être le premier, ou tout au moins un des premiers à l'avoir mis en pratique, en France, pour l'ensilage des fourrages verts de *toutes natures*. Dès mes débuts, l'Angleterre a suivi mon exemple et le pratique depuis plus de vingt ans. Jusque-là, on avait bien ensilé du maïs vert, mais rien que du maïs, ce qui ne pouvait intéresser que les contrées dont les terres ne peuvent porter ni luzerne, ni trèfle, ni sainfoin. Pour les pays d'un sol ingrat, je préférerais de beaucoup ensiler du seigle vert, *haché*, plutôt que du maïs qui n'est bon qu'à donner en vert et qui est très médiocre à donner après ensilage, à moins que ce ne soit en barbottage, mélangé à du tourteau et de la farine pour l'enrichir. De cette façon, je le répète, le maïs peut être une ressource pour les pays pauvres de sol. Pour le gros animal, il lui faut un certain poids de matière inerte pour remplir son coffre, mais il faut y ajouter avec discernement une quantité déterminée de matières grasses et azotées. C'est ainsi que, dans la Sologne et la Champagne pouilleuse, on arrive à pouvoir bien nourrir une vacherie et en obtenir un résultat satisfaisant.

Si ces quelques renseignements ont le don de vous intéresser, j'en serai très heureux et vous prie, cher Monsieur, d'agréer l'expression de mes sentiments tout dévoués.

Vᵗᵉ Arthur de CHEZELLES.

TABLE DES MATIÈRES.

SÉANCE DU 4 MARS 1899.

SÉANCE DU 6 MARS 1899.

9 782329 773780